Vorwort zum Thema „Wartung"

Das Handlungsfeld der heutigen Instandhaltung umfasst so viele Tätigkeiten und Anforderungen wie nie zuvor. Vor nicht allzu langer Zeit reichte es oftmals mehr als aus, in seinem eigenen Fachbereich klar zu kommen. Heute sind die Digitalisierung und Industrie 4.0 Teil der Instandhaltung sowie Teil der modernen Wartung von Maschinen und Anlagen.

Die Krux ist unsere Ausbildung im Bereich der Instandhalter. Wir müssen die fachübergreifenden Themen in die Instandhaltung integrieren und die Generation Z, die „digital natives", in vorhandene Strukturen und Arbeitsweisen einweisen.

Wartung ist ein Mysterium der betrieblichen Instandhaltung.

Wir haben hier einige Beispiele, die dies anschaulich machen.

Wartungspläne für Maschinen und Anlagen

Maschinen und Anlagen müssen in regelmäßigen Abständen gemäß DIN 31051 inspiziert und gewartet werden.

Laut dieser DIN wird die Instandhaltung in 4 Teilbereiche gegliedert:

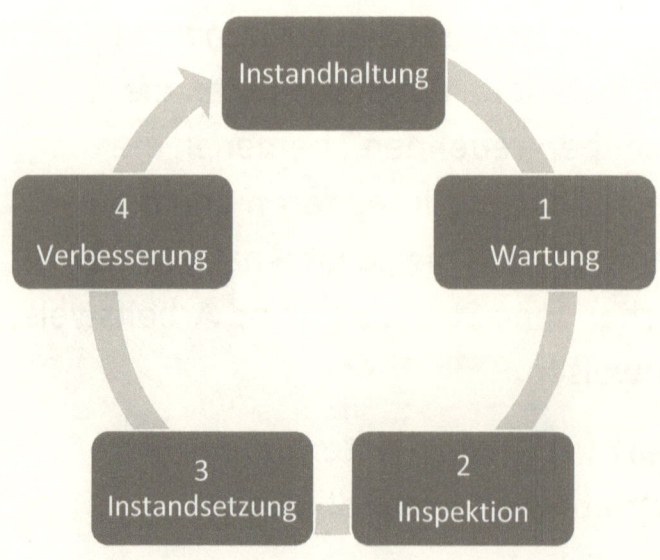

Eine *Wartung* dient der Verzögerung des vorhandenen Abnutzungspotentials.

Im Wesentlichen bedeutet dies die Minimierung des tatsächlichen Verschleißes von Bauteilen und Baugruppen (meist durch Abschmieren und Reinigen).

Eine *Inspektion* dient der Feststellung und Beurteilung des Istzustandes einer Betrachtungseinheit (einschließlich der Bestimmung der Ursachen ihrer Abnutzung) und dem Ableiten der notwendigen Konsequenzen für eine künftige Nutzung.

Zentral bedeutet das: Schauen, messen und prüfen, warum etwas verschleißt und was man tun kann, um es zu verhindern.

Eine *Instandsetzung* beinhaltet alle Maßnahmen zur Rückführung einer Betrachtungseinheit in den voll funktionsfähigen Zustand (mit Ausnahme von Verbesserungen).

Konkret bedeutet dies: Bauteile 1 zu 1 austauschen oder ein Bauteil reparieren, wie z. B. einen undichten Zylinder ausbauen und mit neuen Dichtungen versehen, prüfen, ob er dicht ist, und anschließend wieder einbauen.

Eine *Verbesserung* ist eine Kombination aller technischen und administrativen Möglichkeiten mit unternehmerischen Maßnahmen des Managements zur Steigerung der Funktionssicherheit einer Betrachtungseinheit, ohne die von ihr geforderten Funktionen zu ändern.

Praktisch bedeutet das: Sie ändern Bauteile ab und diese sind z. B. verschleißfester als die zuvor verwendeten; oder auch:

Sie ändern Prozesse und reduzieren damit Ausfälle sowie Stillstandszeiten.

<u>Funktionsfähigkeit</u>: Alle Fähigkeiten einer Betrachtungseinheit zur Funktionserfüllung aufgrund ihres Zustands.

<u>Ausfall</u>: Beendigung der Fähigkeit einer Betrachtungseinheit, eine geforderte Funktion (oder mehrere Funktionen) zu erfüllen. Beispiel: Die Maschine oder Anlage steht und die Funktionen sind außer Betrieb; es muss entstört oder repariert werden.

<u>Schwachstellenanalyse</u>: Das Aufdecken einer erhöhten Abnutzung eines Teils der Betrachtungseinheit, welche zu einem zu frühen Ausfall führen kann. Wobei die <u>Schwachstelle</u> erst dann zu einer solchen wird, wenn ihr Beheben technisch möglich und wirtschaftlich vertretbar ist.

Manchmal ist es sinnvoller, mit einer defekten Maschine weiter zu arbeiten und die Produktion nicht zu unterbrechen; stattdessen kann die Reparatur vorbereitet und geplant werden. Natürlich muss der erfahrene Instandhalter das Risiko eines Ausfalls hier konkret einschätzen können. Das klingt zunächst einmal trocken und abstrakt. Deshalb ist es erforderlich, sich etwas tiefer mit den Möglichkeiten moderner Instandhaltung auseinanderzusetzen.

Wartung und Inspektion müssen SMART ausgeführt werden:

S= Spezifische Wartung und Inspektion;

M= Messbare Ergebnisse liefern Fakten;

A= Akzeptiert im gesamten Unternehmen;

R= Realistische Ziele und Pläne verfolgen;

T= Termine und Vorgaben umsetzen.

Wie erstellt man einen Wartungsplan? Reicht der Begriff für das, was Sie wollen? Oder möchten Sie Wartung und Inspektion zusammenfassen?

Zuerst schaut man sich die Herstellerangaben im Maschinenordner bzw. der Bedienungsanleitung genau an.

Jeder Hersteller macht Angaben zu den verschiedenen Tätigkeiten der Wartung an seiner Maschine. Ist Ihre Maschine Teil einer verketteten Anlage müssen Sie die gesamten Wartungsangaben der Hersteller zusammentragen und harmonisieren. Das bedeutet, Sie müssen die zeitlichen Intervalle für nötige Wartungen vereinheitlichen auf einer Zeitachse. Dann sollten Sie Ihre Anlagenstruktur bzw. die Geräte eingliedern und die Tätigkeiten beschreiben, welche durchgeführt werden sollen.

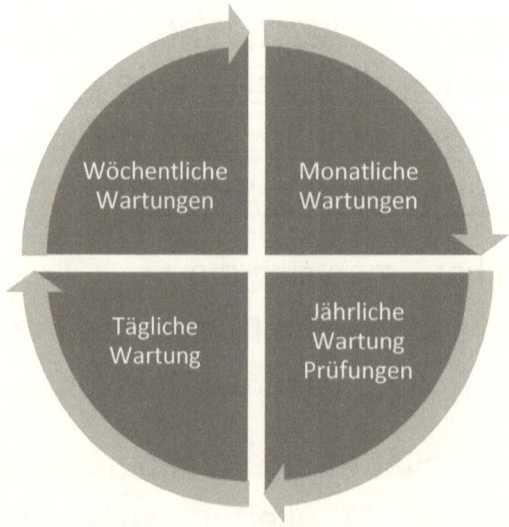

Wenn alle Daten zusammengetragen sind, beginnt die eigentliche Aufgabe: die Daten und Tätigkeiten zusammenzufassen in einen Wartungsplan.

Mittlerweile existieren viele verschiedene Softwarelösungen für die Betriebe, die nicht mit SAP arbeiten. Nicht alle halten, was sie versprechen; manche sind so kompliziert und unstrukturiert, dass es kaum möglich ist, damit zu arbeiten. Es gibt andererseits durchaus gute und brauchbare Lösungen, die nicht immer sehr teuer sein müssen.

Und viele Instandhalter müssen dank fehlender Software sich ihre Wartungspläne selbst per Excel oder Word zusammenstellen.

In einem **_Wartungsplan_** sollten alle Angaben zu dem **_Schmiermittel_** und den Schmierzyklen sowie alle anderen **_notwendigen Aufgaben_** klar beschrieben werden. Mittels **_Fotos_** lassen sich die Zustände und Bauteile einfach **_visualisieren_**. So wird die **_Arbeit nach Plan_** durchgeführt und dokumentiert.

Es empfiehlt sich, zunächst eine Zeichnung der Maschine/n zu erstellen, auf der die Wartungspunkte klar zu erkennen sind. Wichtig sind zusätzliche Checklisten mit Ankreuzpunkten, ob die Arbeiten IO oder NIO sind; schließlich sind alle

Bemerkungen zu Beobachtungen bei relevanten Daten (Störungen, Schmiermittelverbrauch usw.) schriftlich festzuhalten.

Datum	Mitarbeiter	Anlage Nr.	Tätigkeit	Notizen	IO	NIO

Wartungen und Wartungspläne

Vieles wird unter diesen Sammelbegriffen abgelegt und jeder im Unternehmen definiert sie anders.

Wenn eine Maschine ausfällt hören die Instandhalter oft diesen einen Satz: „Aber wie konnte das passieren, dass die Maschine ausfällt? Ihr habt doch die Wartung gemacht!"

Diese Frage lässt sich nur beantworten, wenn die Strategie der Instandhaltung sowie die Begriffe „Wartung" und „Wartungsplan" klar definiert sind.

Die Instandhaltungsstrategie wird vom Management zusammen mit der Abteilung „Instandhaltung" erstellt und z. B. in Form eines Jahresplanes festgehalten: Alle Aktivitäten und Projekte werden für die kommenden 12 Monate ex ante ausgearbeitet.

Welche Instandhaltungs-Strategie verfolgen Sie?

- Reaktive Instandhaltung
- Vorbeugende Instandhaltung
- Vorausschauende Instandhaltung
- Wissensorientierte Instandhaltung
- Zustandsorientierte Instandhaltung
- Zuverlässigkeitsorientierte Instandhaltung
- Risikobasierte Instandhaltung.

Jedes dieser Instandhaltungskonzepte hat Einfluss auf die Wartung und die Strategie der Instandhaltung.

Um **Wartungen sowie Inspektionen** effektiv auszuführen müssen Wartungspläne, Arbeitsanweisungen, Routinekataloge und Checklisten erstellt werden.

Der Mitarbeiter kann anhand der Wartungs- bzw. Inspektionspläne die einzelnen Aufgaben abarbeiten. Mit Fotos werden die aktuellen Zustände und Parameter visualisiert.

Für einfache Aufgaben empfiehlt sich eine **Checkliste nach dem Vorbild des Piloten vor dem Start**. Schritt für Schritt werden die Aufgaben geprüft und mit IO oder NIO bewertet. Ein Punkt, der mit NIO bewertet wird, muss logischerweise einen Folgeauftrag zur Instandsetzung auslösen.

Einführung in Wartungspläne für Maschinen und Anlagen (Teil 1)

Die notwendige Dokumentation der auszuführenden Arbeiten kann jeder Betrieb mittels verschiedener Software selbst erstellen. **Wartungs-** und **Inspektionspläne** sind immer individuell an die Belange des Betreibers anzupassen.

Die Hersteller einzelner Baugruppen oder integrierter Maschinen kennen den Kontext und die Anforderungen nicht genau.

Die jeweiligen Pläne und Wartungsvorschriften der Hersteller müssen vereinheitlicht werden: So müssen z. B. die Zeitangaben der Wartungen und Inspektionen einheitlich umgerechnet werden (Stunde-Tag-Monat-Betriebsstunden etc.).

Dann wird aus den aktualisierten Wartungsplänen der verschiedenen Hersteller ein **Gesamtwartungsplan entwickelt**, der die Belange sowie Empfehlungen der Hersteller berücksichtigt und die Garantieansprüche aufrechterhält.

Nutzen Sie die Herstellerangaben zur Wartung und optimieren diese nach Ihren

Anforderungen, angepasst an Ihre Anlagenrealität.

Mittels Smartphone und Handheldgeräten können viele Arbeiten direkt über das mobile Gerät eingegeben und z. B. gescannt werden. Die modernen **Detektoren und Sensoren** melden Unregelmäßigkeiten direkt an den zuständigen Mitarbeiter.

Nach unser Auffassung ist es ratsam, für jede Maschine ein „**Logbuch**" zu führen, in welchem alle anfallen Arbeiten kurz dokumentiert werden. Ob nun altmodisch mit Kugelschreiber auf Papier oder über das Tablet, Handheld und Laptop: Diese Aufzeichnungen helfen der **Instandhaltung, Schwachstellen zu identifizieren** und diese auch dauerhaft zu beseitigen. Das Logbuch dient als Plattform der Kommunikation mit allen Abteilungen und informiert über sämtliche aktuellen Ereignisse. Die notwendigen Dokumente, Zeichnungen und Pläne müssen dem **Wartungspersonal zugänglich sein und können im virtuellen Logbuch hinterlegt werden**.

Nur gut ausgebildetes und an den Maschinen **geschultes Personal** kann für die notwendigen Maßnahmen Sorge tragen. Die ausgefüllten Arbeitspläne werden vom Vorgesetzten regelmäßig kontrolliert und an den Maschinen werden die Arbeiten abgenommen. **Festgestellte Mängel werden sofort instandgesetzt** und nötige Planungen für größere Eingriffe werden interdisziplinär ausgearbeitet und durchgeführt.

Die regelmäßig erfolgten Wartungen/Inspektionen sind mit Datum sowie Unterschrift zu verifizieren und werden im Anlagenordner der Instandhaltung aufbewahrt.

Im **Logbuch** der Anlage werden sämtliche Arbeiten dokumentiert, um den Kollegen der Produktion und dem Kunden beim Audit eine vollständige, aber zugleich transparente **Anlagendokumentation** zu präsentieren. Durch diese **klare Kommunikation mit einer kompletten Dokumentation** von Instandhaltungsarbeiten werden die Fehlersuche sowie Störungsbeseitigung wesentlich einfacher für junge, unerfahrene Kollegen, für die Einarbeitung neuer Mitarbeiter und als Unterweisungsgrundlage für alle. In Kürze:

- Einfache Anweisungen
- Arbeitsaufträge, Checklisten
- Wartungsplan/-pläne
- Routine-Kontrollen
- Schmiermittellisten
- Schmiermittelverbrauch
- Betriebliche Kontrollen.

WARTUNG

Wartung dient der Verzögerung des vorhandenen Abnutzungspotentials von Bauteilen mittels Schmierung.

Schmierung ist ein oft unterschätzter Vorgang, wichtig wie „Essen und Trinken".

Wartung: Abschmieren von Lagern

Damit Wälzlager zuverlässig ihre Funktion erfüllen, ist eine ausreichende Schmierung absolut wichtig.

Der Schmierstoff verhindert den Verschleiß und schützt gleichzeitig die Oberflächen gegen Korrosion und auch Schmutz. Für jeden einzelnen Lagerungsfall ist daher die Wahl eines geeigneten Schmierstoffs sowie Schmierverfahrens ebenso wichtig wie die richtige Wartung.

Für die Schmierung von Wälzlagern steht ein breites Angebot an Schmierfetten, Ölschmierstoffen und anderen Schmiermitteln zur Auswahl.

Die Wahl eines geeigneten Schmierstoffs und eines geeigneten Schmierungsverfahrens hängt in erster Linie von den Anforderungen (wie etwa der erforderlichen Drehzahl oder der zulässigen Betriebstemperatur) ab.

Aber auch andere Betriebsbedingungen (wie z. B. Schwingungen und Belastungen) können die Auswahl beeinflussen.

Die günstigste Betriebstemperatur stellt sich dann ein, wenn dem Lager nur die Schmierstoffmenge zugeführt wird, welche für eine zuverlässige Schmierung gerade ausreicht.

Wenn das Schmiermittel allerdings zusätzliche Aufgaben

(wie Abdichtung, Spülen oder Wärmeabfuhr) zu erfüllen hat, können auch größere Mengen erforderlich sein.

Der Schmierstoff in einer Lagerung verliert im Laufe der Betriebszeit infolge der ständigen mechanischen Beanspruchung, der Alterung und der zunehmenden Verunreinigung allmählich seine Schmierfähigkeit.

Deshalb muss das Schmiermedium von Zeit zu Zeit ergänzt oder erneuert und bei Ölschmierung das Öl gefiltert oder in gewissen Abständen ausgewechselt werden.

Ein Schmiersystem muss regelmäßig auf seine Funktionen kontrolliert werden.

Tägliche Kontrollen der Lagerstellen und des Schmiersystem sorgen für einen geringen Verschleiß.

Inspektionen der Schmierstellen und des gesamten Schmiersystems gehören daher in die alltägliche Routine einer jeden Instandhaltung und bilden einen wichtigen Teil der Wartungsarbeiten.

Wartung und Inspektion eines Getriebes werden zusammen ausgeführt. Beispiel:

- ➢ Förderband 3, Anlage 4440, Getriebe SEW. Ölstand am Schauglas kontrollieren. Wöchentliche Wartung.
- ➢ Sichtkontrollen, ob das Getriebe dicht ist. Schmutz entfernen, Entlüftungsschraube monatlich reinigen. Lagertemperaturen monatlich messen.
- ➢ Geräuschentwicklung mit Stethoskop monatlich checken. Schwingungsmessung mittels Messgeräten durchführen.

- Defekte Lager erzeugen Überrollfrequenzen, wenn die Wälzkörper über die defekte Stelle rollen. Defekte Zahnräder erzeugen Stoßimpulse, wenn die Zahnräder ineinandergreifen. Diese Schwingungen sind messbar.
- Verschmutzung des Getriebeöls monatlich kontrollieren. Sichtkontrolle, ob Verunreinigungen, Metallabrieb, Feststoffe wie Dichtungsreste etc., Wasser oder andere Fremdflüssigkeiten im Öl vorliegen oder das Öl „alt" und verbraucht ist. Weißes DIN-A4-Blatt nehmen, einen Tropfen neues, sauberes Öl aufgeben und daneben einen Tropfen des gebrauchten, alten Öls. Gegen eine Lichtquelle können Sie den Verschmutzungsgrad erkennen.

- Getriebeöl alle 6 Monate austauschen.
Abschalten des Antriebs und gegen unbeabsichtigtes Wiedereinschalten sichern. Schloss und Hinweisschild sichtbar anbringen.
Auffangwanne unter das Getriebe stellen, Streumittel und Reinigungstücher bereithalten.
Ölablassschraube unten am Getriebe entfernen. Entlüftungsschraube kontrollieren und reinigen.
Wartungsdeckel oben am Getriebe abschrauben und Deckel mit Dichtung entfernen. Ggf. das Getriebe mit Spülöl reinigen und auf Beschädigungen untersuchen; Reibspuren und Abrieb erkennbar? Getriebekasten komplett reinigen und die Ölablassschraube wieder einschrauben.

- Sauberes Öl durch einen 10mü Filter in das Getriebe einfüllen, bis der Füllstand erreicht ist.
- Neue Dichtung unter den Getriebedeckel legen und diesen auf das Gehäuse verschrauben. Entlüftungsschraube wieder einschrauben und einen kurzen Probelauf durchführen. Anschließend kontrollieren Sie den Ölstand und ob Leckagen am Getriebe vorliegen.
- Die durchgeführten Arbeiten werden dokumentiert und dem Vorgesetzten als „fertig" gemeldet. Nach Beendigung aller Wartungsarbeiten wird die Anlage wieder der Produktion übergeben.

Schmieröl- und Hydraulikölkontrollen gehören also zur täglichen Routine der Instandhaltung. Während ein Mitarbeiter das Getriebe prüft wird parallel das Förderband von Kollegen gewartet. Die Instandhaltung fasst die nötigen Aufgaben zusammen und nutzt so die Zeit effektiv.

Alle Lagerstellen und beweglichen Teile einer Maschine oder Anlage müssen ausreichend geschmiert werden, um einen Maschinenausfall zu verhindern.

Es kann anhand von Checklisten und einer täglichen Begehung an jeder Anlage eine kurze Inspektion durchgeführt werden.

Bei den Inspektionen wird der tatsächliche Verschleiß festgestellt und dokumentiert.

So kann im Bedarfsfall schnell reagiert und Bauteile zum Austausch bereitgehalten werden.

Die Hauptfunktionen der Anlage sind sicherzustellen bei minimalem Verschleiß und maximaler Nutzungszeit.

- Wartungsarbeiten, die einen Anlagenstillstand erfordern, werden an sämtlichen Teilsystemen zusammengefasst.

- Die komplett durchgeführten Arbeiten sind einheitlich zu dokumentieren.

- Die Instandhaltungsdokumentation bildet die Grundlage für den Instandhaltungsplan und die Instandhaltungsstrategie.

- Die Instandhaltung soll möglichst autonom durch die Werker durchführt werden.

- Ähnliche Wartungen und Inspektionsaufgaben an

verschiedenen Teilsystemen sind effizient zusammenzufassen.

- Prüfungen an verschiedenen Teilsystemen der Anlage sollten zur Zeitersparnis terminlich abgestimmt werden.

Jede Maschine wird in der EU mit einer **Maschinenkarte** ausgeliefert.

Führen Sie ein Maschinenlogbuch, um sämtliche Aktivitäten lückenlos zu dokumentieren. Nicht um die Instandhaltung zu kontrollieren und zu reglementieren, sondern um den handelnden Personen ein Tool zur Verbesserung an die Hand zu geben.

Die Dokumentation liefert uns Fakten und Zahlen, die wir als Instandhalter nutzen können, um z. B. die Aktivitäten anhand von KPI's (= Key Performance Indicators) auf dem Shopfloor zu präsentieren. So stellen die Kennzahlen zur Wiederherstellung einer Anlage in den funktionsfähigen Zustand ein Qualitätsmerkmal der Instandhaltung dar. Die Anzahl der Störungen und die technische Verfügbarkeit werden als ein weiterer Faktor für den Aufschluss über die Möglichkeiten der betrieblichen Instandhaltung angesehen.

Beispiel eines Maschinenlogbuches:

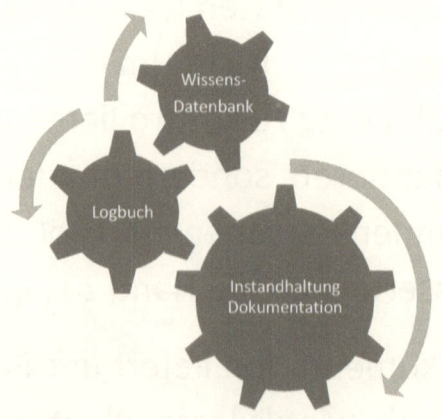

Das Maschinenlogbuch wird geführt, um den Mitarbeitern der **Instandhaltung und den Maschinenbedienern die Arbeit zu erleichtern.**

Es ist die Grundlage (ein Baustein) der Wissensdatenbank der Instandhaltung und des gesamten Unternehmens.

Gerade bei **Mehrschichtbetrieb** können oft nicht alle relevanten Fakten besprochen werden und die Zeit der **Schichtübergabe** reicht zur notwendigen Information häufig nicht aus.

Ein *„offenes Forum im virtuellen Logbuch"* kann hier schnell für Abhilfe sorgen.

Der Mitarbeiter der nächsten Schicht kann sich über die **Vorgehensweise** seiner Kollegen bei Störungen etc. schnell und effektiv *informieren*.

Im Logbuch wird eine *Entstörungsanweisung* geführt.

Dadurch weiß der Maschinenbediener, was bei einer Störung zu tun ist.

Die Bedienungsanleitung und eine von Ihnen verfasste Beschreibung bilden die Grundlage der Dokumentation im Maschinenlogbuch.

Eine fortlaufende *Fehlerliste* mit allen Störungen und der *Vorgehensweise, um die Anlage wieder instand zu setzen,* ist ein weiterer Bestandteil des Logbuches.

Die *Fehler und Störungen müssen standardisiert* und alle Baugruppen sowie Bauteile klar beschrieben sein.

Hierdurch werden die Schwachstellen und „Top-Störungen" gezielt erkannt und dauerhaft beseitigt.

Änderungen und Verbesserungen sind ein zusätzliches Kapitel im Logbuch.

Eine *klare und transparente Dokumentation ermöglicht es Ihnen, weitere Optimierungen zu generieren. Anhand der gewonnenen Erkenntnisse wird durch gezielte Analysen jegliche Schwachstelle erkannt und dauerhaft beseitigt.*

Wartungen und Prüfungen der Maschine werden ebenfalls im Logbuch en detail dokumentiert.

So weiß jeder, wann was von wem zu machen ist. Sämtliche Betriebsmittel sind deutlich gekennzeichnet und im System ist die Vorgehensweise zu den Wartungen präzise beschrieben.

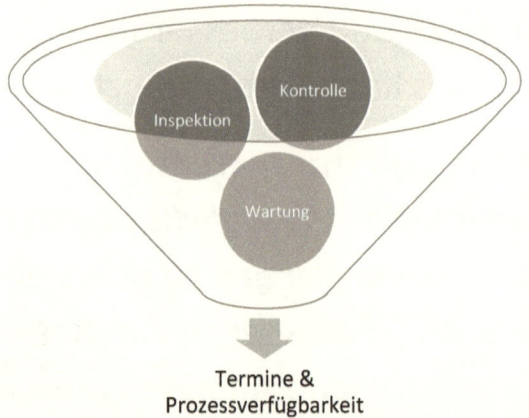

Termine & Prozessverfügbarkeit

Die Anlage und die einzelnen Teilsysteme bestehen aus verschiedenen Komponenten:

- **Mechanische Baugruppen**
- **Elektrische Baugruppen**
- **Elektronische Baugruppen**
- **Pneumatische Komponenten**
- **Hydraulische Komponenten.**

Sie müssen alle relevanten Daten zusammentragen, um einen effektiven Plan für die Wartung zu erstellen.

Und der Prozess hört nie ganz auf: Mit jeder Änderung müssen Sie Anpassungen und Korrekturen in Ihre Pläne einfließen lassen.

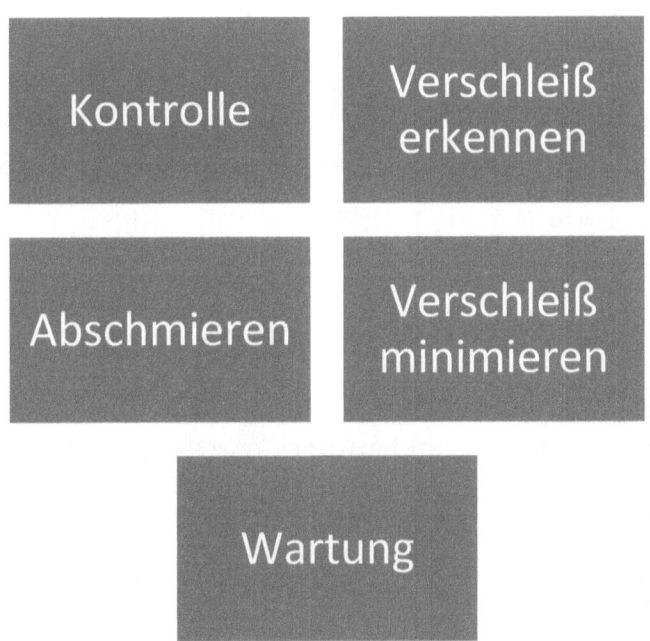

Wartungen dienen der Instandhaltung, um z. B. Verschleißerscheinungen zu erkennen und wenn möglich zu minimieren. Ein Mittel ist das Abschmieren von mechanischen Baugruppen/Bauteilen, Reinigung und Sauberkeit sind ein weiterer Punkt.

Mechanische Baugruppen werden besonders beansprucht. Sie dienen der Kraftübertragung und müssen große Drehmomente umsetzen. Führungen und Lager müssen geschmiert werden, um den Verschleiß zu minimieren. Ölbehälter müssen kontrolliert und befüllt werden. Bei Wellen und Kupplungen sind die Ausrichtung sowie die Geräuschentwicklung zu kontrollieren. Getriebe, Ketten und Riemen sind regelmäßig zu prüfen.

Mechanische Baugruppen:

- **Maschinengestelle**
- **Schrauben, Nieten, Befestigungen**
- **Schweißverbindungen**
- **Verkleidungen**
- **Fördereinrichtungen**
- **Lager und Führungen**
- **Getriebe, Ketten, Riemen**
- **Kupplungen**
- **Bremsen**
- **Brems-Kupplungskombinationen.**

Elektrische und elektronische Baugruppen dürfen nur von dafür ausgebildetem Personal gewartet, inspiziert und instandgesetzt werden.

Die Rechtsnormen des VDE und die UVV sowie die Vorschriften der BG (BGV A3) sind zu beachten (Leitungen entsprechend diesen Vorgaben verlegen und abschirmen, Potentialausgleich der Kabelkanäle, selektive Absicherung).

- **Motoren und Antriebe**
- **Schaltschränke und Trafos**
- **Steuerung, Bedienpult und CPU`s**
- **Schaltkarten und Mikrochips**
- **Aktoren, Sensoren, Signalverarbeitung**
- **Kabel und Leitungen.**

Pneumatische Komponenten dürfen nur von Fachpersonal gewartet werden. Pneumatische Anlagen stehen unter Druck und müssen bei Instandhaltungsarbeiten drucklos gemacht/geschaltet werden. Leitungen und Schläuche sind auf Leckagen zu prüfen, Einstellungen der Manometer zu kontrollieren und Leckagen mit einem guten Gehör sowie Fingerspitzengefühl zu detektieren.

- **Verdichter, Kompressor**
- **Druckspeicher, Druckbehälter, Filter und Trockner**
- **Leitungen, Rohre, Schläuche, Manometer**
- **Druck- und Überdruckventile, Schaltventile, Rückschlagventile**
- **Arbeitsglieder, Zylinder und Motor.**

Hydraulische Komponenten dürfen ebenfalls nur von Fachpersonal gewartet werden. Hydraulische Anlagen arbeiten mit hohem Druck und müssen bei Arbeiten drucklos gemacht/geschaltet werden. Leitungen und Schläuche sind auf Leckagen zu überprüfen, Pumpen auf verdächtige Geräusche zu kontrollieren. Druckanzeigen sowie Filteranzeigen überwachen, Temperaturen der Hydraulik kontrollieren. Zylinder auf Leckagen kontrollieren.

- **Aggregat, Hydraulikölbehälter**
- **Pumpen, Ölfilter und Druckanzeigen**
- **Druckbegrenzungsventile, Druckregelventile**
- **Absperrhähne und Rückschlagventile**
- **Druckspeicher, Ölkühler, Filter.**

Es sind viele verschiedene Dinge zu beachten, um eine Wartung effektiv und zielsicher durchzuführen. Ohne eine *exakte Planung im Vorfeld* können nicht alle Arbeiten, die möglich und sinnvoll sind, durchgeführt werden.

Jeder Maschinenstillstand sollte und muss im Interesse des Unternehmens von der Instandhaltung genutzt werden, um geplante Maßnahmen zeitnah wirkungsvoll umzusetzen.

Die bei Wartungen und Inspektionen festgestellten Mängel und erkannten Risiken durch Verschleiß können bei funktionierender Planung step-by-step abgearbeitet werden.

Planbare Arbeiten werden in den Nebenzeiten durchgeführt, die Produktion wird so nicht beeinträchtigt.

Der Nutzungsgrad der Maschinen bleibt daher stabil.

DIN 35051 Instandhaltung: Die präzise Kennzeichnung von Arbeitsschritten und Betriebsmitteln ermöglicht autonome Wartungen der Maschinenbediener.

Mit der klaren Kennzeichnung von Arbeitsschritten und Betriebsmitteln vereinfachen wir die Arbeiten der autonomen Instandhaltung durch die Mitarbeiter der Fertigung.

Mittels präziser Zeichen können wir über die Visualisierung von Zuständen oder die Zuordnung der richtigen Betriebsstoffe z. B. ein Verwechseln von Ölen oder das Vergessen, Fett nachzufüllen etc., verhindern.

Es gilt das Folgende:

- Füllstände kennzeichnen, Minimum und Maximum, Hydrauliköl, Schmierbehälter, Hilfsstoffe
- Kennzeichnung der Ölkannen und der zugehörigen Behälter.

Klare Kennzeichnung verhindert bestmöglich kritische Verwechslungen:

Jeder sieht sofort, welches Mittel wo zu verwenden ist, und selbst wenn der „Fachmann" für die Wartung nicht da ist, kann das richtige Produkt schnell vom Werker nachgefüllt werden.

Zentralschmierungen sind regelmäßig zu inspizieren. Mittels Füllstandsensoren und automatischer Befüllung werden die Schmierstellen automatisch geschmiert.

Schmierstellen sind mit einem roten Pfeil markiert und leicht zu lokalisieren.

Der Schmierplan und das Bestätigungsblatt der durchgeführten Arbeiten müssen an der Maschine ausgehängt und in der EDV hinterlegt werden. Wichtige Punkte:

Sollwerte, Anlagenparameter - Grün = IO - Rot = NIO (siehe Manometer/Druckanzeige = Wartungseinheiten kontrollieren)

- Rohrleitungen kennzeichnen, Medium, Vor- oder Rücklauf (P-A-T-) Leitungen
- Bauteilbezeichnung: Pumpen, Ventile, Speichergruppen, Antriebe, Getriebe, Förderbänder, Gurte etc.
- Klare Kennzeichnung erleichtert den Austausch und die Ersatzteilbeschaffung.

Ziel der Kennzeichnung ist es, die Abläufe einer autonomen Instandhaltung durch

Werker möglichst einfach und effektiv zu gestalten.

In kurzen one-step-lessons werden den Mitarbeitern vor Ort die Aufgaben detailliert erklärt. Anhand von Fotodokumentationen ist jeder Vorgang einfach und verständlich dargestellt. Durch Eigenverantwortung für „ihre" Maschinen/Anlagen werden das Zusammengehörigkeitsgefühl und die Loyalität der Angestellten zum Unternehmen gestärkt.

Die autonome Instandhaltung durch die der Werker verbessert die Maschinennutzungszeiten und sorgt für weniger Ausfälle oder Störungen, stabile Fertigungsprozesse und eine verbesserte Qualität der gefertigten Produkte.

Checklisten bei der Übergabe der Produktionsmaschine an die nächste

Schicht zeigen den Zustand der Anlagen und der Peripherie. Inspektion und Kontrolle bilden maßgebliche Bausteine der autonomen Wartung durch die Maschinenbediener.

Durch eine höhere Auslastung der Anlagen erreichen wir eine verbesserte **Wertschöpfung**; dies führt dann zu Kosteneinsparungen für das Unternehmen (und somit zu einem positiveren Betriebsergebnis).

Im Folgenden finden Sie einen Instandhaltungsratgeber, um Störungen und Ausfallzeiten zu reduzieren!

10 Regeln der Schwachstellenbeseitigung:

1. Systematisch vorgehen, genau analysieren, ohne Zeitdruck und Hektik arbeiten!
2. 50% aller Störungen treten nach Prozessveränderungen und

Aktivitäten im betreffenden Equipment auf.
3. Alle erforderlichen Dokumentationen müssen den Beteiligten zugänglich sein. Keine Änderungen ohne Dokumentation vornehmen und jede Änderung klar und transparent kommunizieren.
4. Seien Sie stets aufgeschlossen und motiviert, etwas noch besser zu machen.
5. Alle Beteiligten müssen die Prozesse und die Funktionalitäten verstehen.
6. Niemals mehrere Aktivitäten/Prozesse gleichzeitig verändern, immer erst das Ergebnis einer Veränderung analysieren und dokumentieren.
7. Alle Informationen lückenlos überprüfen, auch unwichtige und banal erscheinende Details führen häufig zum Erfolg.

8. Dinge erst ausschließen, wenn man völlig sicher ist, dass alles richtig funktioniert.
9. Eine falsche Erklärung verschlimmert die Situation, nur die Wahrheit führt zum Erfolg.
10. Es ist wie im Leben: Die einfachste Lösung ist meist auch die beste Lösung!

Die Komplexität heutiger Produktionsanlagen verlangt aber dennoch vom Instandhalter enormes Fachwissen, Präzision, Flexibilität und den nötigen Überblick!

Es gilt, Schwachstellen zu beseitigen, nicht (nur) eine bloße -u. U. rasch wiederkehrende- Störungsinstandsetzung zu betreiben!

Die betriebliche Instandhaltung muss somit die unterschiedlichsten Aufgaben wahrnehmen und viele divergierende Fachbereiche abdecken.

Mit der neuen Technik und Industrie 4.0 wird sich das Bearbeitungsfeld der Instandhalter weiter vergrößern.

Die Grundlagen bleiben dabei jedoch als Standard erhalten: Eine Schraube wird stets angezogen oder gelöst, Mechanik hat immer mit Bewegung und Verschleiß zu tun.

Energie wird zum Betreiben benötigt und abgegeben.

Elektrik, Elektronik und Programmierung verändern sich auf verschiedenen Ebenen, aber auch hier bleiben die Basics erhalten:

Strom wird stets mit Spannung, Stärke sowie Widerstand arbeiten und Strom ist grundsätzlich besonders gefährlich!

Wartungen und Inspektionen sind nur durch eingewiesenes Fachpersonal durchzuführen.

Bei vielen Tätigkeiten muss die Anlage abgeschaltet und gegen unbeabsichtigtes Wiedereinschalten gesichert werden. Und schon sind wir bei der wichtigen Wartung und den Inspektionsarbeiten der elektrischen Abteilung:

Elektrische Anlagen dürfen nur von dafür ausgebildeten Facharbeitern betreut werden. Die geltenden Rechtsnormen (Gesetze, Rechtsverordnungen, Verwaltungsvorschriften, Rechtsprechungsentscheidungen, Betriebs- sowie Herstellervorgaben usw.) müssen bekanntgegeben und eingehalten werden. Es sind spezifische Sicherheitsmaßnahmen und Sicherheitsvorkehrungen notwendig, um eine elektrische Anlage zu warten.

Sicherheit steht hier an erster Stelle, die Vorschriften der Berufsgenossenschaften und des VDE bilden dabei die Grundlage zur Durchführung einer Wartung an elektrischen Anlagen.

Beispiel: Wartung von Schaltschränken

- ➢ Tägliche Sichtkontrollen auf äußere Beschädigungen. Funktion der Schaltschrankbelüftung bzw. der Klimaanlage prüfen.
- ➢ Sind die Schaltpläne im Schaltschrank vorhanden und aktuell?
- ➢ Monatliche Reinigung bzw. Austausch der Filtermatten.
- ➢ Monatliche Sichtkontrolle der Verdrahtung und der elektrischen Elemente im Schaltschrank.
- ➢ Monatliche Sichtkontrolle, ob alle Bodenbleche eingebaut sind und

festsitzen. Dichtungen der Schaltschranktüren überprüfen.
- ➢ Alle 3 Monate ist der Schaltschrank mit einem Staubsauger und Pinsel vorsichtig zu reinigen.
- ➢ Pufferbatterie der Steuerungen testen und alle 6 Monate austauschen.

Elektrische Betriebsmittel, gleich ob ortsveränderlich oder ortsfest, müssen vorschriftsmäßig (Gesetz, Rechtsverordnungen, Betriebs- sowie Herstellerangaben usw.) kontrolliert werden. DIN VDE 0105-100, BGV A3 und die DIN VDE 0701-0702 fordern eine Überprüfung zumindest folgender Topics:

- ➢ Schutzleiterstrom
- ➢ Berührungsstrom
- ➢ Schutzleiterwiderstand
- ➢ Isolationswiderstand

- Geprüft werden der ordnungsgemäße Zustand und die sichere Funktion.

Die Wiederholungsprüfungen unterliegen verschiedenen Zeitabständen:

- Ortsfeste Betriebsmittel wie Maschinen und Anlagen müssen alle 4 Jahre überprüft werden.
- Betriebsstätten, Räume oder Anlagen besonderer Art müssen jährlich geprüft werden.
- Ortsveränderliche Betriebsmittel sollten, je nach Beanspruchung, alle 6 Monate bis zu 1-mal jährlich überprüft werden.
- Geprüft werden die Wirksamkeit und der ordnungsgemäße Zustand der Betriebsmittel.

Nachtrag zur Lage der betrieblichen Instandhaltungen 2017-2018

Instandhalter sind Wertschöpfer!

Sowohl die Stimmung der industriellen Dienstleister als auch der innerbetrieblichen Instandhaltungsabteilungen verschlechterten sich im Vergleich zum Vorquartal.

Die Stimmung der innerbetrieblichen Instandhaltungsabteilungen lag aber weiterhin deutlich über dem Niveau des Vorjahres.

Eine Befragung zum Sonderthema „Retrofitting im Kontext von Industrie 4.0" zeigt, dass beide Gruppen großes Nutzenpotential bzgl. Retrofitting sehen.

Allerdings sind die Budgetierung und der Investitionsumfang für beide Gruppen ein großes Hemmnis für die Implementierung neuer Industrie 4.0-Maßnahmen, besonders für innerbetriebliche Instandhaltungsabteilungen.

Der Indexwert der innerbetrieblichen Instandhaltung verschlechterte sich im letzten Quartal 2019 ebenfalls erneut leicht im Vergleich zum Vorquartal. Dies ist vor allem auf die erwartet geringere zukünftige Budgetierung und die aktuell gesunkene Wertschätzung der Abteilungen zurückzuführen. „Auszug aus dem Branchenindikator-Instandhaltung 3-2019"

http://www.fir.rwth-aachen.de/sites/default/files/textinklre/branchenindikator-instandhaltung_ergebnisse-2019-q3_20171005.pdf

Eine Studie der deutschen Akademie der Technikwissenschaften (München) zeigt, dass aus 1€, der in die Instandhaltung von Maschinen und Anlagen investiert wird, eine Summe von 3-5€ erwirtschaftet/eingespart werden kann (u. A. durch weniger Folgekosten von Maschinenausfällen). Stets sollte das Anlagekapital im Maschinenpark daher möglichst effizient arbeiten und einen hohen ROI erzielen.

So haben die deutschen Instandhaltungen eine Maschinen- sowie Anlagenverfügbarkeit in Höhe von 1000 Milliarden Euro erwirtschaftet und damit einen großen Anteil am Erfolg von Produkten „Made in Germany"!

Die jetzt gezeigte Zurückhaltung bei nötigen Investitionen und der Mangel an Fachkräften sind aktuell ein wichtiges Dauerthema in den betrieblichen

Instandhaltungsabteilungen. Zurzeit liegt die Anzahl der auszubildenden Fachkräfte auf dem Niveau von 1970!

Der demographische Wandel stellt sich nun unaufhaltsam in den Betrieben ein und zeigt deutliche Defizite auf. Die „erfahrenen" Mitarbeiter sind nicht 1 zu 1 zu ersetzen und reißen mitunter fatale Wissenslücken.

Vielerorts ist es versäumt worden, eine Wissensdatenbank aufzubauen und Erfahrungen weiterzugeben.

Die Einarbeitung neuer Mitarbeiter und Übertragung von Insiderwissen benötigt Zeit, insbesondere da heute von den Mitarbeitern in der Praxis viele Tätigkeiten aus unterschiedlichen Fachbereichen gefordert werden.

Die Instandhaltung ist ein Paradebeispiel für interdisziplinäre Zusammenarbeit und fachübergreifende Organisation des Arbeitsalltags.

In der Abteilung Instandhaltung findet sich gegenwärtig ein breites Spektrum an Fähigkeiten wieder:

„Der Schrauber neben dem Strippenzieher und der Schweißer neben dem Programmierer".

Es gibt somit Handlungsbedarf in Sachen Weiterbildung und Instandhaltungsorganisation.

Industrie 4.0 mit neuer Sensorik, Netzwerken und Microelektronik fordert von den Instandhaltern immer mehr Programmierkenntnisse und die Fähigkeit, sich in ganze Systeme „hineinversetzen" zu können.

Produktionsabläufe lassen sich automatisieren, aber in der Instandhaltung sind Sie weiterhin bei der

Reaktion auf Störungen auf die Einsatzbereitschaft, Kreativität und Professionalität Ihrer Mitarbeiter angewiesen.

Gut ausgebildete Facharbeiter sind für die Instandhaltung und die Produktion von höchster Wichtigkeit. Heute gehören Handheldgeräte, Tablets, Laptops und Störmeldungen aufs Handy zum Alltag in der Instandhaltung.

So schließt sich der Kreis der Digitalisierung bei den Mitarbeitern, den Menschen, die Systeme zum „Leben" erwecken und am „Leben" halten.

Vom Schraubenschlüssel bis zum Laptop wird hier alles abgedeckt und in Zusammenarbeit mit anderen Abteilungen interdisziplinär und konstruktiv geplant.

Der Spagat zwischen den Basics einer Instandhaltung sowie den neuen

Anforderungen durch Technik und digitale Systeme muss sich auch in der Ausbildung wiederfinden. Fachkräfte wachsen nicht auf Bäumen, sondern in der Ausbildung und an den Aufgaben, die ihnen gestellt werden. In diesem Sinne müssen wir die Ausbildung der Instandhalter an die tatsächlichen Anforderungen anpassen.

Dokumentieren Sie das Wissen Ihrer „alten Hasen" in einer Wissensdatenbank und sorgen damit für eine geordnete Übergabe.

Mentoring-Programme, bei denen erfahrene Mitarbeiter einen jungen Kollegen über Jahre unterstützen und ihr Wissen teilen, sind eine einfache und effektive Methode zur Wissensweitergabe.

Vorbeugende Instandhaltung braucht nachhaltige Wartungen!

Die größten Vorteile von Predictive Maintenance aus Sicht der Instandhaltung und der Produktion sind eine zielgerichtete Produktionsplanung, ein stabiler Nutzungsgrad der Maschinen und die Vermeidung ungeplanter Maschinenausfälle – Gründe, die dazu beitragen, dass immer mehr Fertigungsunternehmen heute eine vorausschauende Wartung mittels Echtzeit-Daten im Einsatz haben bzw. die ersten Schritte in diese Richtung unternehmen.

Auch die Hersteller von Maschinen und Anlagen planen einen massiven Ausbau ihres Angebots an Predictive Maintenance-Lösungen.

Der VDI erwartet daher ein dynamisches Marktumfeld im Bereich der Instandhaltung 4.0 im Rahmen von Industrie 4.0.

Gute Organisation sowie standardisierte Abläufe erleichtern es hier den Abteilungen Instandhaltung und Produktion, auf Störungen und Ausfälle zu reagieren und die entsprechenden Maßnahmen zu ergreifen.

Mittels neuer Sensorik werden Maschinenzustände genau überwacht: Abweichungen von Sollwerten veranlassen die Anlage zur automatischen Meldung an die Instandhaltung.

Durch die richtige Analyse der gewonnenen Daten und eine konsequente Instandhaltungsdokumentation ist man in der Lage, Schwachstellen zu analysieren und dauerhaft zu beseitigen.

Standardisierte Fehlermeldungen sowie präzise Störgrunderfassungen sorgen für „vorhersehbare" Störungen und führen über kompetente Analysen zur Störgrundreduzierung und zu einem stabilen Nutzungsgrad von Maschinen und Anlagen. (Dies war auch schon vor dem Zeitalter der Industrie 4.0 möglich, aber weitaus unsicherer.)

Man verspricht sich von der neuen Technologie sehr viel und doch ist es letztlich der Mensch, der den Kreis für den technologischen Fortschritt schließt.

Die Basis der Instandhaltung gehört genauso zum Werkzeugkoffer der Instandhaltung wie die neuen Technologien mit intelligenten Sensoren und Systemen, dem PC und der Programmierung. Es gilt, den Spagat für alle Beteiligten so einfach und effizient wie möglich zu gestalten.

Die Ausbildung muss sich den neuen Techniken anpassen und die Mitarbeiter sollen möglichst immer flexibler einsetzbar werden.

Software für die betriebliche Instandhaltung:

SAP – Toplösung

Fwin-DBwin – Top Preis Leistung

Heise-Download

MaintMan – Wartman

Wartungsplaner.de

GreenGate AG

Ultimo.com

MagPlan

API PRO Software

Prüfplaner.de

Werkbliq.de

Es existieren etliche weitere Programme, die Sie testen oder bei denen Sie auf die Erfahrungen anderer Instandhalter zurückgreifen können. Fragen Sie Kollegen aus anderen Betrieben nach ihrer Meinung zur EDV und Softwarelösungen.

In den letzten Jahren hat einer der Autoren als Interims-Instandhaltungsleiter und Projektleiter einige Betriebe sowie die Software für Instandhaltungsarbeiten ausgiebig kennen gelernt. Es ist für ihn nicht verständlich, wie es sich Unternehmen leisten können, das Instandhaltungsgeschehen überhaupt nicht oder nicht nachhaltig und nachvollziehbar zu dokumentieren.

IdR verfasst die Fertigung jeden Tag Berichte in Exceltabellen und diese werden per email versendet.

Die Instandhaltung erstellt ihre eigenen Schichtberichte via Excel und versendet diese an die zuständigen Stellen im Unternehmen (z. B. Produktion, Engineering, Vertrieb, Geschäftsführung).

Beide Abteilungen (Fertigung und Instandhaltung) legen die Berichte in einem Ordner ab und dort sollen diese dann als Grundlage der kommenden Planung der Instandhaltungsarbeiten dienen.

Die eingeschränkten Suchfunktionen (eines nicht-spezifischen Instandhaltungsprogramms) und die fehlenden Möglichkeiten der Auswertung aller Berichte führen somit nur zu Mehraufwand für die Abteilung Instandhaltung.

Berichte zu schreiben ohne standardisierte Fehlerkataloge, ohne die

Auswertung und Analysemöglichkeiten einer Instandhaltungssoftware machen es der Instandhaltung unnötig schwer, ihre Aufgaben effizient zu erledigen.

Eine Schwachstellenanalyse ist so nur sehr beschränkt möglich und lebt vom Engagement der Mitarbeiter. Wenn diese das Geschehen nicht ordentlich dokumentieren bleiben Fehler unerkannt und führen zu weiteren Ausfällen der Maschinen und Anlagen.

Mit dem richtigen Programm haben Sie die Maschinen und Anlagen, die Prüffristen und Wartungen, die Schichtberichte und Instandhaltungsleistungen, die Peripherie wie Stapler und Fuhrpark, die Gebäude und viele weitere Features mehr in einer Software für alle zugänglich untergebracht. Unkomplizierte Handhabung und einfache Anwendung für die Mitarbeiter sowie schnelle und effektive Auswertungen für die Instandhaltungsleitung sind ein „Muss" für die ausgewählte Software-Variante.

Optimieren Sie das **Wissen** Ihrer **Mitarbeiter** und schaffen Sie eine **Wissensdatenbank**. Durch schnelles Auffinden der richtigen Dokumente und Zeichnungen verringern Sie Stillstandszeiten und beschleunigen Entstörungen an Produktionsmaschinen.

„Denn was man schwarz auf weiß besitzt, kann man getrost nach Hause tragen", befand schon Goethe (1749-1832). Unserem berühmtesten Dichter, der sich auch in den Naturwissenschaften einen Namen machte (Biologie, Medizin, Farbenlehre u. a.), wird immerhin ein Intelligenzquotient von 200 zugeordnet; der Bevölkerungsdurchschnitt liegt bei 100!

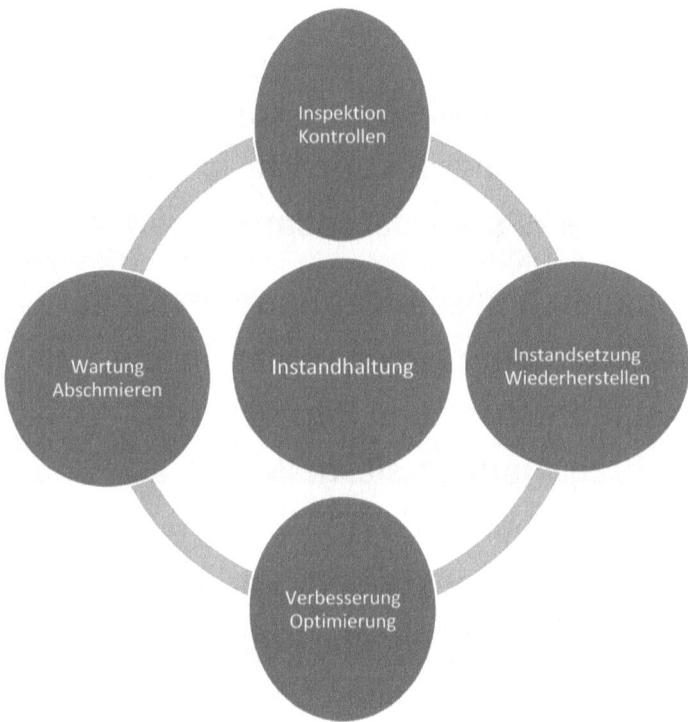

Gute Organisation und funktionierende interdisziplinäre Zusammenarbeit aller involvierten Abteilungen sind der Schlüssel zu mehr Effektivität.

Daher stets eine strukturierte und vollständige Maschinendokumentation bereithalten!

Weiterhin gilt:

Präzise geordnete sowie komplette Instandhaltungsdokumentationen führen und eine Wissensdatenbank schaffen.

Eliminieren unsinniger Routinearbeiten, die nicht zum Kerngeschäft von I&R (Instandhaltung und Reparaturen) gehören. Harmonisierte Wartungen und prozessorientierte Maschineninspektionen. Vorbeugende Instandhaltung mit Wartung/Inspektion an kritischen Bauteilen ist essentiell. Tägliche Sichtkontrollen und Checks der relevanten Maschinen und Anlagen.

Entstörungsdokumentationen und Reparaturanweisungen für wichtige Maschinen sowie Eskalationspläne erstellen. Ersatzteillager und Ersatzteilmanagement mit Sinn und Verstand, Technikabteilungen und alle involvierten Mitarbeiter arbeiten Hand in Hand. Jeder technische Einkauf soll die Instandhaltung unterstützen und alle Potentiale eines effizienten Ersatzteilmanagements nutzen.

Schraubschlüssel nach und nach durch Information und Wissen ersetzen, Wissen und Informationen dokumentieren und in Erfahrung umwandeln. Fehler und Störungen werden dauerhaft beseitigt, nachhaltige Instandsetzungen verringern Stillstandszeiten.

Um Störungen und Fehlfunktionen zu analysieren müssen alle relevanten Daten gesammelt werden. Selbst banal erscheinende Dinge können die Produktion nachhaltig negativ beeinflussen. Schließen Sie nichts aus und gehen dabei Schritt für Schritt vor. Jede Änderung bedarf der Überprüfung. Versuchen Sie bitte nicht, mehrere

Änderungen auf einmal zu erledigen. So können Sie am Ende nicht genau sagen, was zum Erfolg geführt hat.

Vorgehensweise bei einem Maschinenausfall/10 Punkte-Plan:

1. Fehler-Störung-Maschinenstillstand als Folge
2. Meldung der Störung an die Instandhaltung
3. Störungsdiagnose und Beauftragung Instandhaltung
4. Fehlersuche durch Instandhaltung
5. Beheben der Störung durch die Instandhaltung
6. Übergabe an die Produktion
7. Rückmeldung der Instandhaltung-Dokumentation der Arbeiten
8. Verbesserungen möglich?

9. Durchführung planen/festlegen
10. Schwachstellen dauerhaft beseitigen.

Die Dokumentation der Instandhaltungsarbeiten bedarf der regelmäßigen Be- und Auswertung.

Eine Analyse der Dokumentation gibt Auskunft darüber, ob a) wir die richtige Instandhaltungsstrategie verfolgen, b) die festgelegten Wartungstermine zur Anlage passen, und c) der Einsatz aller Ressourcen bestmöglich geplant wurde.

„Auch der weiteste Weg beginnt mit dem ersten Schritt". - „Der Mensch hat dreierlei Wege, klug zu handeln: durch Nachdenken, das ist der edelste, durch Nachahmen, das ist der einfachste, durch Erfahrung, das ist der bitterste" (Konfuzius, 551 – 479 v. Chr.).

Für uns Instandhalter bedeutet dies, aus den gemachten Erfahrungen sollten wir lernen. Mittels der Dokumentation vermitteln wir unser Wissen weiter.

Aus der Anlagendokumentation ergeben sich die Daten für:

- OEE (Overall Equipment Effectiveness = Gesamtanlageneffektivität)
- TV = Technische Verfügbarkeit Maschinen
- MTBF (Mean time between failures = Durchschnittliche Zeit zwischen den Störungen)
- MTTR (Mean time to repair = Durchschnittliche Zeit der Entstörungen)
- MDT (Mean down time = Mittlere Ausfallzeit der Anlagen)

- WT = Wartezeit (Kein Personal, keine Ersatzteile-Werkzeuge etc.)
- IHT = Instandhaltungszeit
- TOC (Theory of Constraints = Theorie des Engpasses/ Bottleneck)
- NG = Nutzungsgrad der Maschine
- RT = Runtime.

Die Kennzahlen dienen der Instandhaltung, um die Berichte für alle nachvollziehbar zu dokumentieren. Sie sind ein Kriterium, mit dem die Instandhaltung die Qualität der ausgeführten Arbeiten auf dem Shopfloor Board transparent darstellt. Diesen pragmatischen Ansatz sollten die Abteilungen nutzen und so den Beteiligten deutlich machen, welchen Anteil die

Instandhaltung an der Wertschöpfung im gesamten Produktionsprozess innehat.

Es gibt verschiedene Ursachen für den Ausfall von Maschinen und Anlagen:

- Fehler durch falsche Bauteile
- Fehler durch falsche Programmierung
- Fehler durch mechanisch verursachten Verschleiß
- Fehler durch falsch vormontierte Ersatzteile
- Wechsel der Lieferanten
- Außergewöhnliche Belastungen
- Zufällige Fehler durch Fehlbedienung
- Manipulation durch unzufriedene Mitarbeiter, Sabotage
- Fehler durch äußere Einflüsse (wie Temperaturen, Luftfeuchtigkeit oder

unerfahrenes Personal an der Maschine).

Die Analyse der Instandhaltungsdokumentation gibt uns schnell Aufschluss über die Einflüsse von außen oder innen, die zum Ausfall von Teilsystemen oder der ganzen Anlage führen.

Der Dokumentation von Instandhaltungsleistungen kommt auf allen Ebenen eine besonders wichtige Bedeutung zu. Die Facharbeiter der Instandhaltung leisten die Fehlersuche und Beseitigung der Störungen. Sie dokumentieren ihre Tätigkeiten und leiten diese an die Vorgesetzten und Mitarbeiter transparent weiter.

Alle Dokumentationen bilden die WISSENSDATENBANK, ein zentrales und universelles Werkzeug, um alle Betroffenen zu informieren und das Wissen im Unternehmen zu fundamentieren.

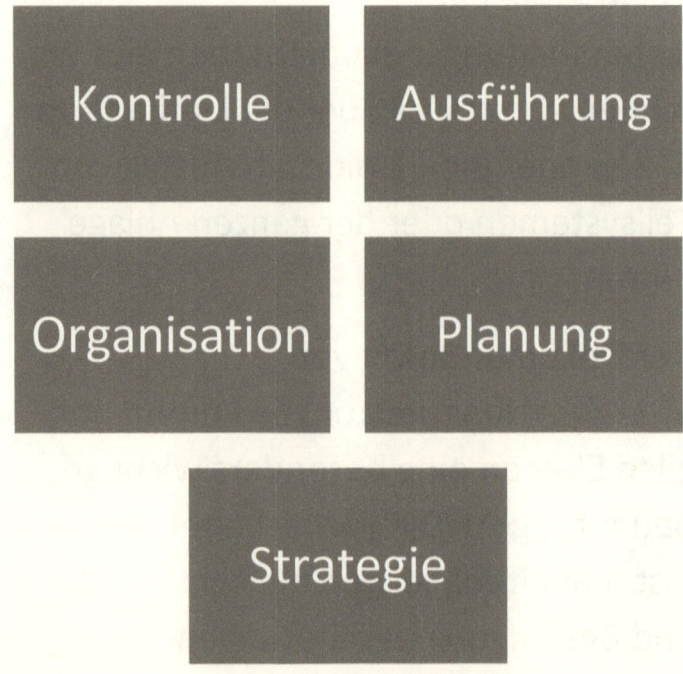

Basis für sämtliche Aktivitäten der Instandhaltung ist immer die Unternehmensstrategie. Sie bestimmt letztendlich, was die Mitarbeiter leisten

müssen und welche Werkzeuge sie dafür zur Verfügung haben werden.

VDI 4500 Blatt 6

Die Richtlinie wendet sich an Ingenieure und verantwortliche Personen, die für die technische Umsetzung des Publikationsprozesses zuständig sind, und betrachtet den gesamten Publikationsprozess der technischen Dokumentation. Hierzu werden die verschiedenen Prozessphasen mit bewährten (Software-)Werkzeugen vorgestellt und die unterschiedlichen Dateiformate betrachtet sowie bewertet. Damit erhält der Anwender eine Entscheidungshilfe zur Einführung relevanter Softwaresysteme. Praxisbeispiele zeigen Anwendungen für unterschiedliche Anforderungen und Kostenkategorien. Diese können auch als Grundlage für die Planung eines technischen Redaktionssystems dienen, das unter bestimmten Voraussetzungen die Effizienz einer Redaktionsumgebung deutlich erhöhen kann. Die Richtlinie gibt zu folgenden Themen konkrete Hilfestellung: Phasen des Publikationsprozesses, wichtige Quell- und Zielformate für technische Dokumentation, Beispiele für Software zur Erstellung und Pflege von Inhalten, Verwaltung und Archivierung von technischer Dokumentation, Erzeugung und Publikation von technischer Dokumentation, Aufbau von Softwaresystemen zur Publikation von technischer Dokumentation, Schnittstellen und Zusammenarbeit mit externen Dienstleistern (z. B. technische Redakteure oder Übersetzer).

Abschmieren nach Plan der Instandhaltung

Abschmieren von Hand:

- Kontrolle der Schmiermenge
- Kontrolle der Schmierstellen
- Durchführung bestätigen.

Permanentschmiersysteme:

- Kontrolle der Füllstände notwendig
- Kontrolle der Schmierstellen
- Schmierung an schwer zugänglichen Stellen.

Zentralschmiersysteme:

- Kontrolle der Füllstände notwendig
- Kontrolle der Schmierstellen
- Schmierung automatisch gewährleistet.

Ein **Wartungsplan** beschreibt genau, welche Tätigkeit vom Mitarbeiter durchzuführen ist.

Zu jeder Baugruppe ist ein **Schmierplan** vorhanden, der die geforderte Schmiermenge und das Produkt klar beschreibt.

Mittels rotem Pfeil sind die einzelnen **Schmierstellen** deutlich visualisiert/gekennzeichnet.

Klare Kennzeichnung verhindert Verwechslungen.

- Klar gekennzeichnete Schmierstellen und eine deutliche Kennzeichnung der **Schmiermittelbehälter** sowie der verwendeten Produkte sind unerläßlich. Dann kann der Mitarbeiter **vom Ölfass über die Ölkanne bis zum Schmiermitteltank** der Maschine einfach erkennen, welches Öl und welche Fettsorte in den Tank oder den Schmiernippel gepumpt werden soll. **Jede Sorte mit einer eigenen Farbe sowie Nummer sorgt für eine deutliche Visualisierung; dies beugt einfach und sinnvoll Verwechselungen vor**.

Jeder sieht sofort, welches Produkt zu verwenden ist; selbst wenn der „Fachmann" für die Wartungen nicht da ist, kann das richtige Mittel schnell vom

Werker nachgefüllt werden. Zentralschmierungen sind regelmäßig zu inspizieren.

Mit Hilfe von Füllstandssensoren sowie der automatischen Befüllung werden die Schmiersysteme überwacht und versorgt; auf diese Weise sind die Schmierstellen immer mit ausreichend Schmiermittel versehen.

Handschmierstellen sind mit einem roten Pfeil markiert und leicht zu lokalisieren.

Der Schmierplan und das Bestätigungsblatt der durchgeführten Arbeiten sind an der Maschine auszuhängen und in der EDV zu hinterlegen:

- Maschinen und Anlagen müssen regelmäßig abgeschmiert werden.

- Wichtig ist, dass die richtige Menge des richtigen Schmiermittels an den richtigen Stellen ankommt.

- Verunreinigungen und Schmutz vermeiden

- Überwachung der Schmiersysteme regelmäßig prüfen und testen.

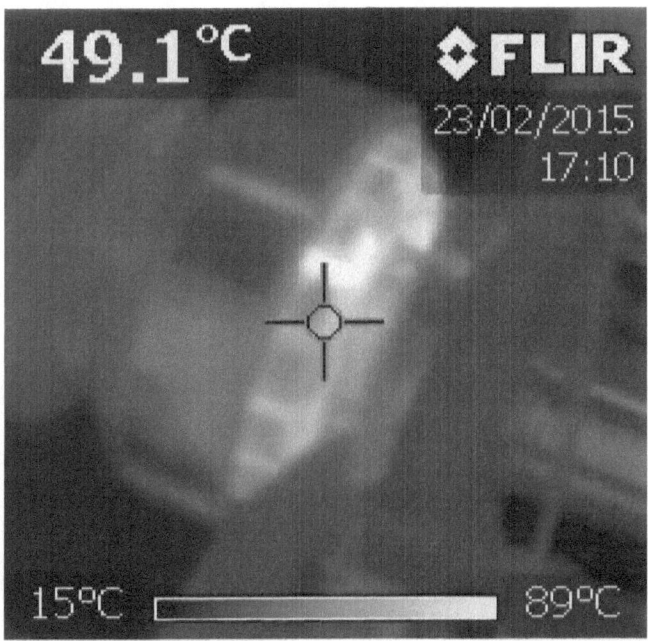

Anlagenkennzeichnung erleichtert die Einarbeitung. Kennzeichnung von Arbeits- und Betriebsmitteln verhindert Maschinenausfälle.

- Mitarbeiterschulung, Checklisten, Wartung und Inspektion
- Systematische Kennzeichnung der vorhandenen Maschinen/Anlagen/Peripherie
- Standardisierte Kennzeichnung vorhandener Baugruppen/Bauteile/Füllstände
- Kennzeichnung der Betriebsstoffe, Arbeitsmittel und Umgang Festlegen von Sollwerten und Anlagenparametern
- Erstellen standardisierter Checklisten zur Anlageninspektion.

Die Gliederung der Anlagen mittels Adresse dient auch der Zuordnung von Ersatzteilen.

In kurzen One-Step-Lessons werden den Mitarbeitern vor Ort die Aufgaben detailliert erklärt. Anhand von Fotodokumentationen sind die Vorgänge einfach und verständlich dargestellt.

Sämtliche Baugruppen (wie Getriebe, Förderbänder, Gurte, Pumpen, Ventile, Schalter und Zylinder etc.) werden klar gekennzeichnet.

Die Ersatzteilzuordnung und Bestellung sowie die Reaktionszeit bei Störungen werden dadurch positiv beeinflusst. Hydraulikölbehälter, Schmiermittelvorratsbehälter und andere Füllstände von Betriebsstoffen werden mittels Min/Max-Anzeige visuell überwacht und täglich kontrolliert.

Klare Kennzeichnung erleichtert den Austausch von Ersatzteilen und Baugruppen, die Ersatzteilbeschaffung und verringert die Instandsetzungszeiten. Ziel der Kennzeichnung ist es, die Abläufe einer autonomen Instandhaltung der Werker möglichst einfach und effektiv zu gestalten.

Durch eine raschere Versorgung der Anlagen mit Ersatzteilen erreichen wir eine verbesserte Wertschöpfung durch längere Maschinenlaufzeiten und kürzere Stillstände; dies führt dann zu Kosteneinsparungen für das Unternehmen und zu einem erhöhten Betriebsergebnis. Gewinne aber stabilisieren jedes Unternehmen, sichern die Arbeitsplätze der Beschäftigten, erzeugen Steuern für den Staat und stärken unsere Stellung im globalen Wettbewerb.

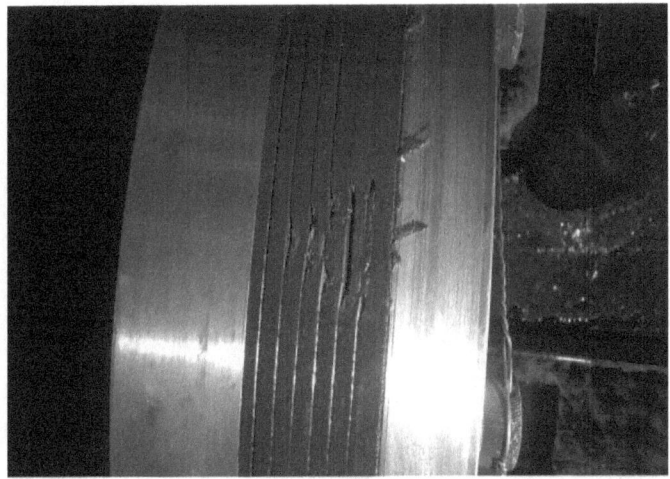

Beschädigte Dichtungen durch Schmutz im Hydrauliksystem

Der Verbrauch von Schmiersystemen muss dokumentiert werden. Anhand von Abweichungen gegenüber dem „Normalbetrieb" lassen sich Fehler und Störungen frühzeitig erkennen.

Lagerstellen sind stets auf ausreichende Schmiermittelversorgung zu prüfen. Nach eingehender Diagnose müssen aufgrund richtiger Schlussfolgerungen die notwendigen Maßnahmen eingeleitet werden.

Die durchgeführten Wartungsarbeiten sind im Anlagenordner genau zu beschreiben und mit Unterschrift sowie Datum zu bestätigen. Die **Möglichkeiten EDV-gestützter Wartungsarbeiten und sämtlicher Instandhaltungsaufgaben** sollten genutzt werden. Ein virtuelles **Maschinenlogbuch** enthält alle relevanten Daten samt Terminen und gibt Auskunft darüber: *Wer muss wann welche Tätigkeit ausführen!*

Die transparente Darstellung der durchgeführten Arbeiten/Wartungen hilft den Kollegen bei ihren zukünftigen Tätigkeiten an der Anlage.

Die Instandhaltung kann dann nachvollziehbar ihre Aufgaben dokumentieren. Es ist bei allem stets auf absolute Sauberkeit zu achten.

Ein hilfreiches Produkt sind Permanent-Schmiersysteme in kleinsten Baugrößen, damit werden selbst schwer zugängliche Schmierstellen mit Fett versorgt.

An schlecht zu erreichenden Stellen erleichtern sie der Instandhaltung das Abschmieren und die Wartungstätigkeiten (Unfallgefahr vermeiden). Zentralschmiersysteme sind ein weiterer wichtiger Baustein für die richtige Schmiermittelversorgung von Maschinen und Anlagen. Diese Systeme müssen regelmäßig kontrolliert und inspiziert werden. Ein Schmiersystem nützt Ihnen wenig, wenn die dazugehörigen Schmierleitungen z. B. abgerissen sind.

Immer kontrollieren, ob das Schmiermittel in ausreichender Menge am gewünschten Ort (Verbraucher) ankommt.
Schmiersysteme sind grundsätzlich sauber und frei von Verschmutzungen zu halten.

Instandhaltung heißt auch: Schmiersysteme überwachen.

Die Überwachung von Schmiersystemen ist explizit wichtig. Eine der effektivsten Methoden der Überwachung bilden Progressiv-Zentralschmiersysteme.

Über sogenannte Kolbenverteiler wird das Schmiermittel zwangsläufig über eine Folgesteuerung in die einzelnen Schmierstellen verteilt. Jede Schmierstelle wird progressiv nacheinander mit der passenden Menge Schmiermittel versorgt.

Ist nun eine Schmierstelle verstopft oder die Leitung blockiert, wird die Kolbenüberwachung der Progressivverteiler nicht mehr geschaltet, es folgt eine Störung und Abschaltung der betreffenden Anlage.

Progressivverteiler sind mit verschiedenen Kolben und Auslässen versehen. Diese werden hydraulisch durch das zugeführte Schmiermittel nacheinander gesteuert.

Einer der Kolben des Verteilers wird per Schalter überwacht. Bei Störungen des Schmiersystems durch z. B. Verschmutzungen des Schmiermittels, verstopfte Rohrleitungen, abgedrückte Rohrleitungen, abgeknickte Schlauchleitungen usw. wird die Kolbenbewegung im Verteiler verhindert und der Druck des Schmiermittels entweicht über das Überdruckventil.

Ein Druckschalter und eine Überwachung der Kolbenbewegung im Verteiler lösen dann eine Störung aus und schalten die Maschine ab.

Mögliche Störungen der Schmieranlage

Beim Befüllen der Vorratsbehälter ist auf absolute Sauberkeit zu achten; Schmutz im Schmiermittel führt zu Störungen des Systems. Schmiersysteme arbeiten meist mit verschiedenen Filtern, Sieben und Schmutzfängern in den Leitungen.

Die Siebe und Filter müssen regelmäßig ausgebaut und gereinigt werden, um die Förderleistung der Pumpe aufrecht zu erhalten.

Ebenfalls kann beim Befüllen Luft ins System und den Vorratsbehälter gelangen. Ein Luftpolster vor der Pumpe bzw. den Pumpenelementen sorgt dafür, dass kein Fett gefördert werden kann.

Pumpenelemente über die Entlüftungsschraube entlüften, Vorratsbehälter mit einem sauberen Stahlstab einstechen und Luftblase entweichen lassen.

Verschiedene Schmierfettsysteme arbeiten mit dem sogenannten „Fettfolgedeckel"; dieser soll das Fett nach unten Richtung Ansaugrohr drücken und möglichst einen Lufteinschluss verhindern.

Verstopfte Leitungen, abgeknickte Schläuche oder blockierte Schmierstellen erkennen Sie am hohen Widerstand/Gegendruck der Pumpe. Wenn Sie mit einer Handhebelpumpe abschmieren bemerkt man das daran, dass ein Abschmieren von Hand fast unmöglich ist, da der Gegendruck unüberwindbar wird.

Automatische Schmiersysteme besitzen ein Überdruckventil, welches den Schmierstoff und den Überdruck im System abbaut. Mittels Druckschalter erkennt die Anlage die Situation und schaltet ab, die Maschine ist nicht mehr voll funktionsfähig (dazu vgl. etwa Mainka/Otto, Einstieg in die Fluidtechnik, 2. erw. Aufl. 2019, S. 59 ff.).

Instandhaltung: Ölhydraulische Anlagen überwachen

In technischen Systemen bildet Öl ein Medium, das viele verschiedene Aufgaben übernimmt. Öl erbringt im Wesentlichen 3 Leistungen in hydraulischen Systemen: Es schmiert, reguliert Temperaturen und transportiert Abrieb sowie Schmutz zu den Filtern.

Die Gründe für Maschinenausfälle sind vielfältig, der eintretende Verschleiß sowie Schmutz bilden einen großen Anteil daran.

Von außen gelangen Fremdkörper über Belüftung sowie defekte Dichtungen in das Öl und der sich daraus ergebende Verschleiß im System sorgt für eine weitere Kontamination des Schmierstoffes.

Kolbendichtungen werden oft durch verschmutztes Öl stark beschädigt.

Mittels Partikelmessung in den hydraulischen Fluidsystemen können Verschleiß und Abnutzung zusätzlich ermittelt werden.

Der Grad der Rückstände informiert über ungewöhnlich hohe Konzentrationen an Verschleiß. So kann die Instandhaltung diese Informationen nutzen, um Maschinenausfälle und ungeplante Stillstände zu verhindern. Mit fest installierten Partikelsensoren lassen sich die Zustände online überwachen und es kann direkt auf Veränderungen reagiert werden. Dies bildet eine sinnvolle Ergänzung zu den Wartungen und Inspektionen einer Instandhaltung. Hier kann meist nur eine Tropfenprobe visuell geprüft werden. Die Filtration von hydraulischen Anlagen ist ein weiterer wichtiger Baustein im Anlagenmanagement. Die Reinheit des verwendeten Öls mindert das Ausfallrisiko durch zusätzlichen Verschleiß im System.

Damit ***Wälzlager*** dauerhaft ihre Funktion erfüllen, ist immer eine ausreichende Schmierung notwendig.

Der Schmierstoff verhindert den Verschleiß und schützt gleichzeitig die Oberflächen gegen Korrosion.

Für jede einzelne Lagerstelle ist daher die Wahl eines geeigneten Schmierstoffs, Schmiersystems und Schmierverfahrens ebenso wichtig wie die richtige Wartung und Inspektion der Lagerstellen.

Für die Schmierung von Wälzlagern ist ein breites Angebot an Schmierfetten, Ölschmierstoffen und anderen Schmierstoffen verfügbar.

Die Wahl des richtigen Schmierkonzeptes hängt von den Betriebsbedingungen (wie z. B. der Drehzahl der bewegten Teile und/oder den Betriebstemperaturen) ab.

Aber auch zusätzliche Faktoren (wie Schwingungen und Belastungen) können die Wahl des Schmierstoffes beeinflussen.

Die günstigste Betriebstemperatur an Lagerstellen herrscht, wenn dem Lager nur die Schmierstoffmenge zugeführt wird, welche für eine zuverlässige Schmierung ausreichend ist.

Eine zu geringe Menge an Schmierfett im Lager kann Schäden am Wälzkörper verursachen, eine zu große Menge an Schmierfett aber zu unerwünschten zusätzlichen Bewegungen im Lager führen. Dies kann Beschädigungen sowie verstärkte Wärmeentwicklungen im Lager und den Dichtungen erzeugen.

Beide fehlerhaften Bedingungen bewirken eine Überhitzung der Lagerstelle und letztendlich den Ausfall der Wälzlager.

Soll der Schmierstoff allerdings zusätzliche Aufgaben (wie Abdichtung, Spülfunktion oder Wärmeabfuhr) leisten, können auch größere Schmierstoffmengen benötigt werden.

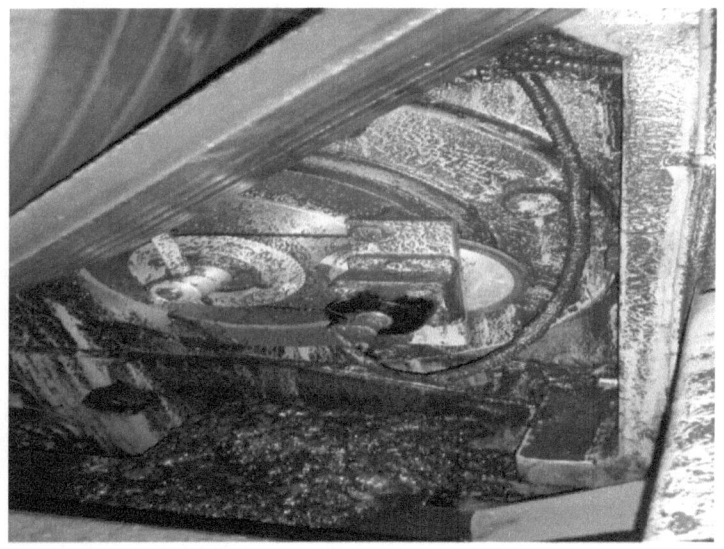

Der Schmierstoff verliert im Laufe der Betriebszeit infolge der ständigen mechanischen Beanspruchung, der Alterung und der zunehmenden Verunreinigung seine gewünschten Eigenschaften.

Durch Erwärmung vermindert der Schmierstoff seine Viskosität und dies verringert die Schmiereigenschaften.

Deshalb muss der Schmierstoff von Zeit zu Zeit ergänzt oder erneuert und bei

Ölschmierung das Öl gefiltert oder in gewissen Abständen ausgewechselt werden.

Routinechecks und Inspektionen der Instandhaltung gewährleisten einen sicheren Betrieb und sorgen durch regelmäßige Wartung für einen verschleißarmen Maschinenlauf.

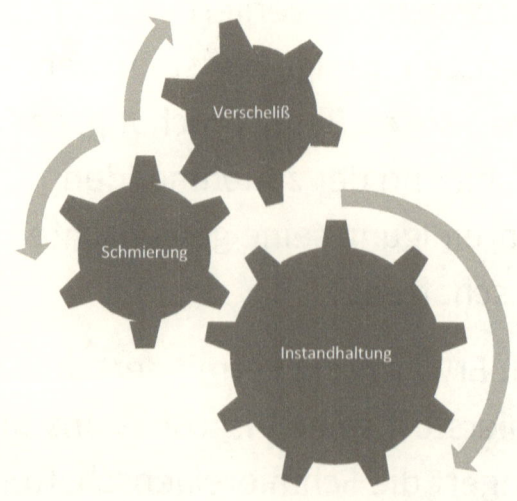

Veränderung von Hydraulikölen durch Gebrauch

Alterung durch Beanspruchung und Wärme

Anreicherung mit ölfremden Stoffen

Oxydation, Polymerisation

Säuren, Laugen

Schlamm, Ablagerungen

Feststoffe-Abrieb von Verbrauchern (Zylinder etc.)

Fremdstoffe, unsauberes Befüllen, Undichtigkeiten

Wasser-Kondensation

Kühlschmierstoffe

Eindringen fremder Stoffe.

Aufgaben der Schmierung:

Sicherung eines weitgehend verschleißfreien Betriebes

Schutz vor Korrosion

Spülwirkung

(Öl-hydraulische Kupplung)

Wärmeabtransport

(Öl bei Umlaufschmierung)

Unterstützung der Dichtwirkung

(Fett)

Reibung vermeiden durch Schmierung.

Fettschmierung (Anwendungsgebiete)

Gleitlager

Getriebe

Linearführungen

Wälzlager.

Führungen an Maschinen

1. Pressenführung

2. Buchsen und Gleitlagerstellen

3. Walzen-Lagerstellen

4. Förderbänder und -ketten

5. Bolzen und Laschen

6. Zahnradschmierung

7. Kettenschmiersysteme

8. Fettsprühsysteme.

Ölschmierung (Anwendungsgebiete)

-Führungswagen Linearführungen

-Ölumlaufschmierung bei Wälzlagern

-Ölumlaufschmierung bei Gleitlagerungen

-Spül-/Kühlfunktion bei mechanischer Belastung und Abrieb

-Tropfenschmierung bei Kettenantrieben

-Tropfenschmierung für Bolzen- und Stahlplattenförderer

-Getriebe und Zahnradschmierung

-Nahezu verschleiß- und korrosionsfrei

-Hydraulische Brems-/Kupplungs-Kombination

-Sprühnebelschmiersysteme

-Schienenschmiersysteme für Fahrzeuge.

Feststoffschmierung (Anwendungsgebiete)

Bronzegleitlager mit Graphiteinlagerung

Trockenschmiermittel wie Molybdändisulfid (MoS2) oder Graphit finden bei hohen Temperaturen oder bei Notlauf- und Einmalschmierung Verwendung. Diese Lager sind meist als Verbundwerkstoff mit einer PTFE- oder Graphitbronze-Beschichtung ausgeführt.

Massive Lagerbuchsen aus Bronze mit Festschmierstoff-Einsätzen in der Gleitfläche sind ebenfalls wartungsfrei einsetzbar. Vollkunststoff-Gleitlager können in zunehmendem Maße auch für anspruchsvolle Trockenlagerungen vorgesehen werden.

Die Einsatzgrenzen derartiger Lager werden durch die spezifische Wärmeleitfähigkeit und Wärmedehnung bestimmt. Diese Lager sind oftmals als Verbundwerkstoff mit einer PTFE- oder Graphitbronze-Beschichtung ausgeführt. Massive Lagerbuchsen aus Bronze mit Festschmierstoff-Einsätzen werden in großen Maschinen als Gleitlager eingesetzt.

Maschinenausfälle und Stillstände in der Produktion sind in der Regel sehr kostenintensiv.

Durch eine funktionierende Instandhaltung mit zeitgenauen Wartungen, ausreichenden Inspektionen, gut ausgebildeten Mitarbeitern und einer stabilen Versorgung mit Ersatzteilen lassen sich Störungen und Ausfallzeiten reduzieren.

Organisation und Strategie entscheiden über den Erfolg Ihrer Instandhaltung.

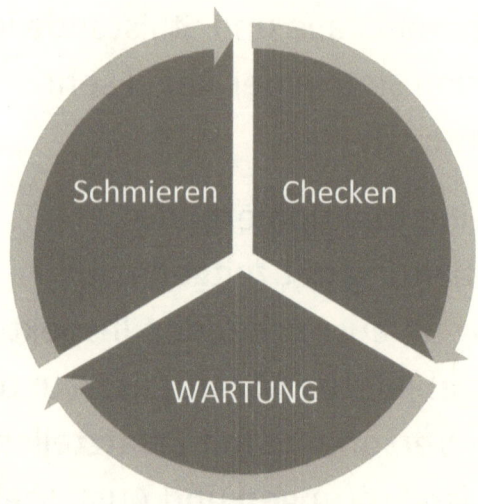

Schmieröl- und Hydraulikölkontrollen gehören zur täglichen Arbeit der Instandhaltung.

Es kann anhand von Checklisten und einer täglichen Begehung an jeder Anlage eine kurze Inspektion durchgeführt werden.

Alle Lagerstellen und beweglichen Teile einer Maschine oder Anlage müssen ausreichend geschmiert werden, um einen Maschinenausfall zu verhindern. Bei den Inspektionen wird zusätzlich der tatsächliche Verschleiß festgestellt und dokumentiert. So kann im Bedarfsfall schnell reagiert und Bauteile zum Austausch bereitgehalten werden.

In einem Wartungsplan sollten die Angaben zu dem Schmiermittel, den Schmierzyklen und sämtliche anderen notwendigen Aufgaben klar beschrieben werden.

Mittels Fotos lassen sich die Zustände und Bauteile einfach visualisieren. So wird die Arbeit nach Plan durchgeführt und sofort nachhaltig gesichert.

Die kompletten Arbeiten rund um das Thema Wartung und Abschmieren müssen lückenlos aufgezeichnet werden.

Dabei spielt es keine Rolle, ob Sie das schwarz auf weiß, mit Zettel und Stift oder modern mittels Software und Handheldgeräten festhalten. Wichtig ist es, das Wissen zu sichern und fortführend zu dokumentieren.

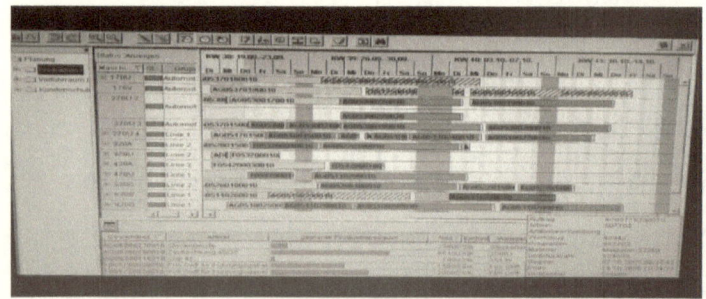

Es gibt viele verschiedene Software-Programme zum Thema Wartung. Eine Wissensdatenbank der Instandhaltung wirkt aber auf sämtliche Arbeiten und Aktivitäten positiv (Zeit-, Kostenersparnis, Motivation u. A.).

Die gewählte Instandhaltungsstrategie bestimmt den Umfang der Wartungen maßgeblich.

Wartung benötigt Zeit, doch diese ist sehr gut und wertschöpfend investiert.

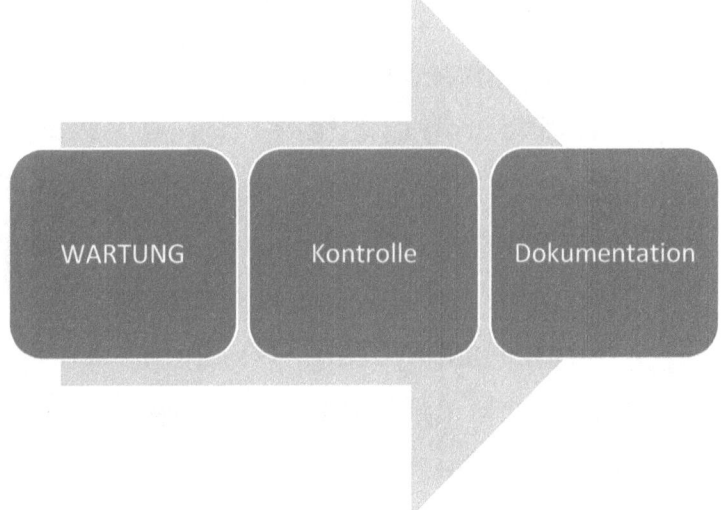

So kommen wir am Ende zu mehreren (in toto: 10) prinzipiellen Statements:

1. Einer der aktuellen globalen Megatrends ist sicherlich die Hinwendung vieler unserer fast 200 Staaten auf dieser Erde zu „Wegwerfgesellschaften": Es wird nicht mehr instandgehalten, gewartet oder repariert, sondern der jeweilige Gegenstand „bequem irgendwie entsorgt" und ein Ersatz

"einfach" neu gekauft; dies alles ohne jedwede Rücksichtnahme auf die dadurch entstehenden -z. T. gravierenden- Umweltbelastungen (eklatantes Beispiel: die Verschmutzung der Weltmeere durch Plastiktüten, -flaschen, -verpackungen und sonstige (Micro-)Plastikteile). – Erfreulicherweise betrifft diese Wegwerf-Tendenz zurzeit noch mehr den Bereich kleinerer, billiger Artikel (z. B. im Elektronik-Sektor). Für größere Maschinen und Anlagen wird es aber trotz des Anstiegs von KI wohl weiterhin für längere Zeiträume bei der hohen Bedeutung eines guten Instandhaltungsmanagements bleiben (zur VW-Gruppe und dem neuen DAX-Mitglied MTU siehe Ziff. 5). Betriebliche Instandhaltungen

werden somit auch künftig viele divergierende, komplexe Aufgabenstellungen lösen und sich dabei trotz aller „basics"/"standards" immer neuen Herausforderungen stellen müssen.
2. Es trifft auch sicher zu, dass die Innovationsgeschwindigkeit global stetig wächst; die hunderttausende Jahre alte Spezies homo sapiens ist wohl von Natur aus „semper cupidus rerum novarum" (= "immer begierig nach neuen Dingen": Caesar, 100-44 v. Chr.); aktuell 7,7 Mrd. Menschen (er)finden eben mehr Neues als eine zahlenmäßig weit kleinere Weltbevölkerung. Es ist sehr hilfreich, sich diese bedeutende numerische Entwicklung einmal kurz in concreto anzusehen: Vor ca. 10 000 Jahren lebten global nur ca. 5-10 Millionen Erdenbürger, vor

2000 Jahren rd. 300 Mio., vor 1000 Jahren nur etwa 310 Mio., vor 500 Jahren ca. 500 Mio. und erst um das Jahr 1800 n. Chr. wurde die erste Milliarde dieser Menschheit überschritten (1927: 2 Mrd., 1960: 3 Mrd., 1974: 4 Mrd., 1987: 5 Mrd., 1999: 6 Mrd. und 2011: 7 Mrd.). Aktuell steigt die Zahl der Menschen weltweit in der Minute um ca. 150 und täglich um fast 220 000(!) Individuen; die Vereinten Nationen rechnen für das Jahr 2050 mit knapp 10 Mrd. und für 2100 mit ca. 11 Mrd. Vertretern der Gattung homo sapiens. – Ob die Zunahme der Innovationsgeschwindigkeit neben dem Bevölkerungswachstum noch eine zweite wichtige Ursache hat (nämlich: das Wachstum der durchschnittlichen Intelligenz der Erdenbürger und damit auch die

Zunahme von Spitzenintelligenz in den Universitäten sowie Forschungs- und Entwicklungsabteilungen der Wirtschaftsunternehmen), ist sehr umstritten und wird hier wegen der möglichen Sachzusammenhänge, des thematischen Reizes per se sowie der Vollständigkeit halber expressis verbis erwähnt. – Als dritte mögliche Ursache schneller entstehender, neuer Technologien sei schließlich das psychologische Phänomen benannt, dass es immer leichter ist, auf etwas Vorhandenem aufzusetzen und dieses weiterzuentwickeln, als von unbekanntem Grund (von „Zero") aus völlig Neues zu schaffen. Im 21. Jahrhundert aber kann die -so zahlreich gewordene- Menschheit in den rd. 30 Hauptdisziplinen des humanen Wissens (Physik,

Mathematik, Chemie, Biologie, Astronomie, Geologie, Medizin, Recht usw.) jetzt schon auf ein gewaltiges Wissensgebäude zurückgreifen und von diesem gigantischen Fundament aus (entstanden in den letzten 10 000 Jahren, vor allem aber seit Beginn der Neuzeit um ca. 1600 n. Chr.) immer mehr neue Produkte und Verfahren entwickeln.

3. Beispielhaft für einen wichtigen Teil dieses Wissensgebäudes steht der deutsche Maschinen- und Anlagenbau, der einen erheblichen Beitrag zu unserem 1 Billion Euro übersteigenden jährlichen(!) Exportvolumen leistet. Europas größter Industrieverband ist dabei der 1892 gegründete VDMA (Verband Deutscher Maschinen- und Anlagenbauer e. V., Sitz: Frankfurt a.

M.) mit rd. 3200 Mitgliedsfirmen, ca. 1,3 Mio. Erwerbstätigen und im Jahre 2018 einem Umsatz von knapp 300 Mrd. Euro (Exportquote 2018: 79,3%). Dieser Umsatz der eher mittelständisch geprägten deutschen Maschinen- und Anlagenbauer beträgt somit fast 6/7 des gesamten Haushalts der Bundesrepublik Deutschland mit 83 Mio. Menschen in Höhe von mehr als 350 Mrd. Euro.

4. Trotz der steigenden Innovationsgeschwindigkeit bleibt für alle betroffenen Unternehmen die Lebensdauer ihrer Maschinen- und Anlagen -und damit eine optimale Instandhaltung- von größter Bedeutung: Verlangt der jeweilige Markt nach einem Produkt, so muss dieses stabil und zeitnah geliefert werden, sonst wandert der autarke Kunde ab; er hat idR

genügend Alternativen (bei Großunternehmen ist es dem Management wegen der bei Monopolen zwangsläufig entstehenden Abhängigkeit/"Erpressbarkeit" sogar „verboten", nur einen einzigen Lieferanten zu haben). – Ist das konkrete Erzeugnis finanziell zutreffend kalkuliert, wird es zum Ertragsbringer, der das herstellende Unternehmen, dessen Bilanz und Mitarbeiter absichern hilft; je länger die Maschine und das Produkt laufen, desto besser! Von diesem Blickwinkel aus sind also „Dauer" und „optimale Instandhaltung" für den Hersteller etwas sehr Positives, jede Innovation hingegen wegen der mit Neuerungen stets verbundenen (Kosten-, technologischen und sonstigen) Unsicherheiten ein erheblicher Risikofaktor. Nicht ohne Grund schaffen es von allen Start-up-Versuchen weltweit nur die wenigsten, zu einem dauerhaft florierenden Unternehmen zu werden.

5. Der Verschleiß technischer Teile führt kommerziell selbst zu gigantischen Marksegmenten, wie ein einziger Blick auf das -immer noch beliebte- Produkt „Auto" zeigt. So setzte der VW-Konzern 2018 mit Originalteilen rd. 16 Mrd. Euro um (sogar ohne die Verkäufe der chinesischen Joint-Venture-Partner einzurechnen!). In den VW-Hallen bei Kassel lagern rd. 480 000 verschiedene Teile, jeden Tag verlassen ca. 220 LKW, 111 Eisenbahnwaggons und knapp 70

Container die VW-Depots. Da bei Wartung und Verschleiß Elektrofahrzeuge aufgrund ihrer geringeren Teilezahl (Verbrenner: 4000 Teile Vorhaltung, E-Autos: unter 3000 Teile!) 20-30% weniger Umsätze generieren, muss das VW-Management jetzt schon Lösungen für diesen kommenden Umsatz- und damit Ertragsrückgang im „after-sales-Geschäft" finden. 2025 wollen die Marken des VW-Konzerns ca. 25% der Autos mit elektrischem Antrieb verkaufen, 2030 sollen es rd. 40% sein. Der globale Fahrzeugbestand von Volkswagen, der zurzeit bei etwa 100 Millionen Fahrzeugen liegt, soll binnen zehn Jahren aber auf ca. 150 Millionen Fahrzeuge steigen (= ein Plus von 50%!) und so den Umsatz- und Ertragsrückgang im

Ersatzteilgeschäft ausgleichen. Dazu sollen dann noch neue Produkte treten (Hochvoltbatterien u. a.). – Die MTU-Gruppe wiederum stellt auch Turbinen für Flugzeuge her und profitiert somit von wachsenden Reisemärkten mit immer mehr Flugzeugen. Da die durchschnittliche Lebensdauer einer Turbine immerhin mehrere Jahrzehnte beträgt, ist auf den ersten Blick ersichtlich, welche Bedeutung der Geschäftsbereich „Instandhaltung" für MTU hat. Mit 40 Jahre langer, gut kalkulierter Instandhaltung lässt sich evidentermaßen mehr verdienen als mit einem (einmaligen) Verkauf einer Turbine! Das dauerhafte, unternehmensstabilisierende Geschäft ist somit die -permanente- Instandhaltung, nicht etwa der innerhalb von relativ kurzen

Zeiträumen verhandelte und abgeschlossene Vorgang „Verkauf". – Die vorstehenden Zahlen zeigen wohl signifikant, welche Bedeutung eine gute Instandhaltung etwa bei Autos, Turbinen und anderen längerlebigen Produkten hat. - Ähnliches gilt für den Deutsche Bahn-Konzern mit seinem Schienennetz von über 33 000 Kilometern und einigen Milliarden jährlichen Reisenden (Nah- und Fernverkehr addiert).

6. Auch zur rechtlichen Seite der Instandhaltung sind noch einige grundsätzliche Feststellungen zu treffen. Für den Instandhaltungsbereich „gelten" die neuen Regelungen der DIN-Norm 31051, welche im Juni 2019 durch das Deutsche Institut für Normung e. V. (Sitz: Berlin) vom DIN-Gremium

„Instandhaltung" in aktueller Fassung verabschiedet wurden und die DIN 31051 vom September 2012 ersetzen. DIN-„Normen" sind aber gerade keine Normen im Sinne eines eo ipso allgemein gültigen Gesetzes, einer Rechtsverordnung oder Satzung, sondern „nur" bloße private „Empfehlungen" sachkundiger deutscher Wirtschaftskreise, welche bestimmte wichtige Standards auf dem jeweiligen Techniksektor festhalten (vgl. dazu BGHZ 139, 16 = Urteil v. 14. Mai 1998). Dadurch aber, dass der gesammelte Sachverstand anerkannter Spezialisten in die DIN-Normen einfließt, haben deren Regelungen die (stets widerlegbare!) Vermutung für sich, dass sie den -in vielfacher Hinsicht rechtlich bedeutsamen- „Stand der Technik" korrekt wiedergeben! Es kann jedoch jederzeit der Beweis des Gegenteils („kein Stand der Technik mehr") z. B. durch Sachverständige in einem konkreten Prozessfall oder generell beim Deutschen Institut für Normung in Berlin geführt werden, was zeitnah eine entsprechende Änderung der unzutreffenden DIN-Norm nach sich ziehen würde.

7. Natürlich kann eine DIN-Norm auch zur zwingenden Rechtsnorm werden, nämlich wenn ein nationaler Gesetzgeber (z. B. Bundestag, Landtag usw.) diese Allgemeingeltung ausdrücklich anordnet. Der Text der jeweiligen -zum „Gesetz" gewordenen- DIN-Norm mit ihren Begriffen (Begriffskern, Begriffshof, Begriffsränder) unterliegt dann

selbstverständlich auch den zahlreichen juristischen Interpretations-Methoden (zu diesen vgl. etwa Mainka/Otto, Einstieg in die Fluidtechnik, 2. erw. Aufl. 2019, S. 80 ff.).

Aus der konkreten Bezeichnung der die Instandhaltung betreffenden DIN-Norm mit der Nr. 31051 selbst ersieht man bereits Vieles: Diese DIN-Regel wurde nicht aus dem EU-Recht übernommen, sondern hat ausschließlich oder überwiegend nationale Bedeutung. Außerdem wurde sie nicht mit dritten Organisationen zusammen erarbeitet, sondern vollständig vom DIN-Gremium „Instandhaltung" (einem von rund 70 DIN Ausschüssen) erstellt. Wäre es anders müsste diese DIN-Norm z. B. ausdrücklich DIN EN (EN =

Europäische Norm) oder DIN-IEC (IEC = Internationale Electrotechnical Commision, Genf) oder DIN ISO (ISO = International Organisation for Standardisation, ebenfalls Genf) heißen. Es gibt in toto sogar ca. 15-20 Zusatzbezeichnungen bei DIN-Normen, welche die Herkunft oder Entstehungsgeschichte des jeweiligen Regelwerks erklären (s. etwa DIN CEN, DIN VDE, DIN SPEC, DIN CWA, DIN ISO/TS, DIN EN IEC, DIN CENELEC usw.), und auf die dann erst die genauen DIN-Nummern in Ziffern folgen. - Dies führt zwanglos zu der Frage der Gesamtzahl aller vorhandenen DIN-Normen:

Am 1. März 1918 (also vor mehr als hundert Jahren) wurde die erste DIN-Norm herausgegeben, 1927 bereits die 3000te. Insgesamt existierten 2012 schon über 33 000 gültige DIN-Normen zu 9 Technikgebieten (alphabetisch geordnet): Bauwesen, Dienstleistungen, Feinmechanik, Informationstechnik, Luftfahrt, Maschinenbau, Optik, Raumfahrt sowie Umweltschutz) und Ende 2018 gab es 34 265 empfohlene Normen. Im Verlauf des Jahres 2019 dürfte sich diese Zahl angesichts der stetigen Verrechtlichung aller Verhältnisse nochmals erhöht haben.

8. Zu dieser „Verrechtlichung" hier nur 1 Indiz:
So ist etwa die Zahl der zugelassenen Rechtsanwälte von im Jahre 1915 nur 12544 Anwälten auf knapp 20 000 Rechtsvertreter im Jahr 1965 gestiegen; 2015 hatten wir aber dann schon 163 513 Anwälte und

2019 sind es mehr als 166 000 Rechtsanwälte.
In rd. 100 Jahren erfolgte also eine Verzehnfachung des Personals dieses Berufsstandes!

9. Im Wesentlichen verfolgen die DIN 31051 sechs Ziele, welche im Einzelnen in den bisherigen Kapiteln bereits detaillierter dargestellt wurden:

   a) Stete Verbesserung der Anlagenverfügbarkeit
   b) Erhöhung der Betriebssicherheit
   c) Verringerung von Störungen
   d) Optimierung von Betriebsabläufen
   e) Vorausschauende Kostensenkung- und -planung

f) Last not least: Erhöhung der operativen Lebensdauer der Maschinen und Anlagen im Sinne ihrer optimalen Nutzung.

Es sind dies natürlich die Hauptziele jeder professionellen Instandhaltung!

10. Motivierte, fähige Mitarbeiter sind schließlich das größte Gut jedes Unternehmens (bei VW rd. 660 000, bei der Deutschen Bahn etwa 330 000 Menschen, hinter denen meist auch Familien stehen!). Sie bilden in aller Regel die unerlässliche Basis, um die bestehenden, Erträge bringenden Abläufe möglichst fehlerfrei zu erledigen und bei auftretenden Problemen immer wieder neue, dauerhaft funktionierende Lösungen zu eruieren. Es geht somit stets nicht

nur um die Qualität der Produkte („made in Germany, „made in Japan"), sondern -sogar vorrangig- immer auch um die Qualität der Mitarbeiter.

Einen der wichtigsten Bausteine im von Menschen betreuten Techniksektor bilden dabei die Wartungspläne für die Maschinen(gruppen) des jeweiligen Unternehmens,
welche dessen technologische Anlagenrealität präzise abbilden und ihre einwandfreie Funktion für möglichst lange Produktintervalle sichern müssen. So ergänzen sich Mitarbeiter, betriebliche Instandhaltung und Produktqualität: gute Mitarbeiter an -durch gutes Wartungsmanagement- sehr gut gepflegten Anlagen liefern jedem Unternehmen die dringend

benötigten positiven Umsatz- und Ertragsergebnisse!

www.ingramcontent.com/pod-product-compliance
Lightning Source LLC
Chambersburg PA
CBHW030014190526
45157CB00016B/2709